生成式人工智能（AIGC）基础

本书编委会　组织编写

中国劳动社会保障出版社

内容简介

本书详细介绍了生成式人工智能（AIGC）从业人员应掌握的相关知识。全书分为八章，主要内容包括 AIGC 内容创作的核心技术与常用工具、AI 提示词技巧、AIGC 与文本内容、AIGC 与绘画生成、AIGC 与视频生成、AIGC 与语音生成、AIGC 与数据内容、AIGC 与自媒体创作。

本书可供人们在日常生活、工作中参考使用，也可供相关人员参加上岗培训、在职培训使用。

图书在版编目（CIP）数据

生成式人工智能（AIGC）基础 / 本书编委会组织编写. -- 北京：中国劳动社会保障出版社，2024

ISBN 978-7-5167-6346-9

Ⅰ. ①生…　Ⅱ. ①本…　Ⅲ. ①人工智能　Ⅳ. ①TP18

中国国家版本馆 CIP 数据核字（2024）第 067283 号

中国劳动社会保障出版社出版发行

（北京市惠新东街 1 号　邮政编码：100029）

*

北京市科星印刷有限责任公司印刷装订　　新华书店经销

787 毫米 ×1092 毫米　16 开本　11.75 印张　214 千字

2024 年 5 月第 1 版　　2024 年 5 月第 1 次印刷

定价：48.00 元

营销中心电话：400-606-6496

出版社网址：http://www.class.com.cn

编写人员

主　编：唐振伟

副主编：王大勇　刘　颖　汪洪涛

编　者：陈润宇　胡志高　赵　伟　王耀忠

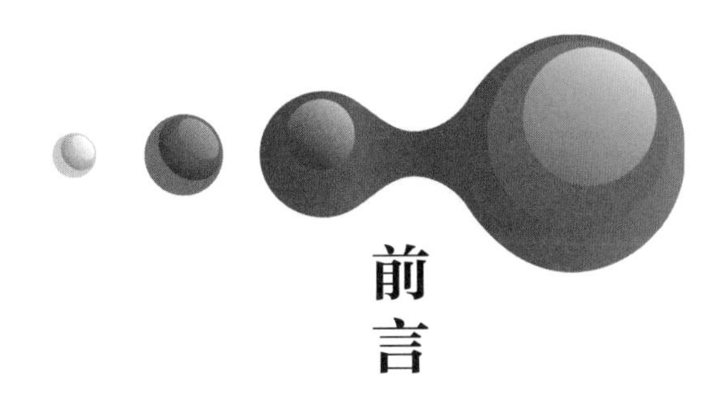

前言

在这个信息爆炸的时代，内容创作已经成为各行各业从业者的必备技能。无论是文字、图像、视频还是音频，都需要从业者投入大量的时间和精力。而生成式人工智能（AIGC）技术的出现，为内容创作带来了前所未有的变革。

本书的特色在于重视实用性，注重从业务角度出发进行案例演示和应用指导。

本书通过多个鲜活的案例，让读者领略到生成式人工智能（AIGC）的强大和实用性。这些案例都是实际应用的范例，并给出了详细的操作步骤和注意事项，旨在帮助读者快速上手并将生成式人工智能（AIGC）技术应用到实际工作中。

在书中，读者将了解多个常用的生成式人工智能（AIGC）工具或具体应用模块，涵盖了自然语言处理、图像处理、音频处理、视频处理、数据分析和自媒体运营等领域。除此之外，本书还注重向读者传递生成式人工智能（AIGC）技术应用的方法论和创新思路，帮助读者更好地理解生成式人工智能（AIGC）技术的本质和内涵，从而在实践中更好地运用这一工具。

本书的目标读者是各行业的内容创作者、营销人员、自媒体从业者、数据分析人员和智能化产品设计人员等，也适合对生成式人工智能（AIGC）应用感兴趣的读者阅读。

无论读者是初学者还是专业内容创作者，本书都将为其提供实用的指导和帮助。通过学习生成式人工智能（AIGC）技术的应用技巧和方法，读者能够更好地发挥自己的创作才能，为实际工作带来更多的便利和创新。

本书力求准确和客观，但鉴于生成式人工智能（AIGC）体系建设刚刚起步，许多问题还有待探讨，加之编者能力水平的局限，书中不足之处在所难免。如果读者发现问题，欢迎向我们反馈，我们将不断完善和改进本书的内容，以便更好地服务读者。

本书编委会

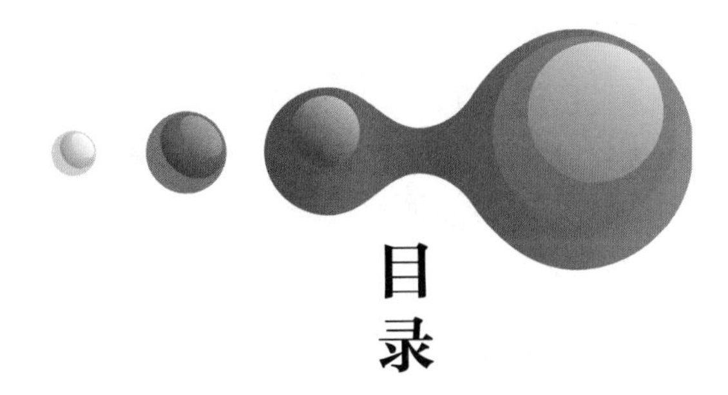

目录

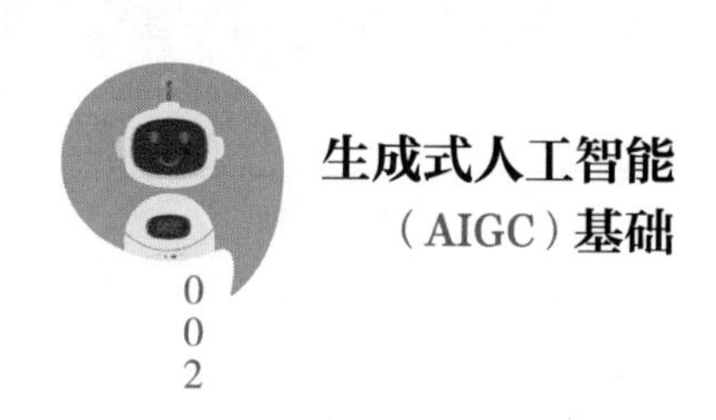

第 1 章

AIGC[①] 内容创作的核心技术与常用工具

① 生成式人工智能（artificial intelligence generated content，AIGC）是指通过人工智能技术生成各种数字内容，包括文本、图像、音频和视频等的技术。

1.1 核心技术

1.1.1 自然语言处理（NLP）

自然语言处理（natural language processing，NLP）是指让机器理解和处理人类语言的技术，涉及文本分析、语义理解、语言生成等任务。通过自然语言处理，AIGC 工具可以读懂、分析和回答人类提出的问题。

AIGC 通过自然语言处理技术对原始数据进行分析和理解，以生成更加智能化的内容。

【案例 1–1】

用户可以向智能语音助手发送一条文本消息："明天天气如何?"通过自然语言处理技术，智能语音助手理解用户想要获取的信息是明天的天气情况，然后查询相关数据并回复用户："明天的天气预计为晴，最高气温 28 摄氏度。"

1.1.2 深度学习和机器学习

深度学习和机器学习（deep learning and machine learning）是指让机器能够从数据中学习和提取模式的关键技术，它通过构建大规模神经网络和利用大量的训练数据，使机器能够自动识别和学习数据中的规律，进而做出预测和决策。

AIGC 利用深度学习和机器学习算法训练模型，对多种媒介的内容进行分类、识别和生成。

【案例 1–2】

智能翻译系统可以将一种语言的文本自动翻译成另一种语言的文本。通过深度学习和机器学习技术，智能翻译系统学习大量的不同语言对照数据，掌握不同语言的语法、词汇和翻译规则，从而实现准确的翻译。

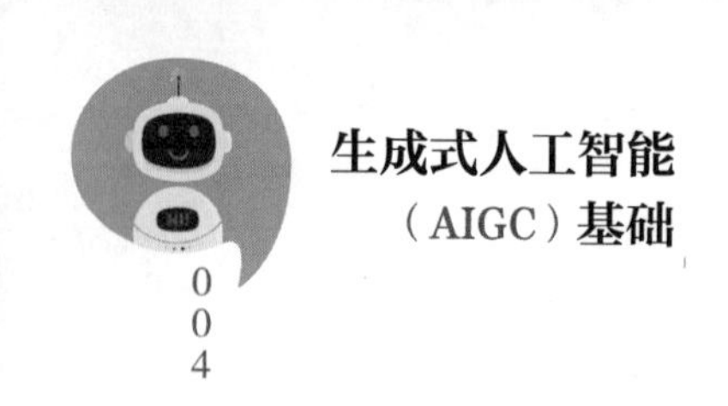

1.1.3 大数据分析

大数据分析（big data analytics）是指通过处理和分析大规模数据集，提取有用的信息的技术。这些数据有各种来源，如社交媒体、用户行为、传感器等。AIGC 工具通过大数据分析，发现隐藏的模式和趋势，做出更加明智的决策。

AIGC 通过大数据分析，获取并整合了更为全面、丰富、真实的信息数据，提高了内容生产的质量和效率。

【案例 1-3】

智能营销系统可以为用户提供个性化的推荐服务。通过大数据分析技术，智能营销系统分析用户的购买历史、浏览记录、消费偏好等信息，从中发现用户的兴趣和需求，并向其推荐相关的产品或服务，以提高用户的满意度和产品或服务的销售额。

1.1.4 模板化设计

模板化设计（template design）是指设计和构建各种内容生成的模板，以便自动生成多样化的内容。模板包括预定义的结构、格式和内容框架，方便用户填写和定制。

AIGC 对文本、图片、音频、视频等多种媒介内容进行模板化设计，从而大幅提高内容生产的效率和质量。

【案例 1-4】

电子商务平台为商家提供预定义的商品介绍模板，包括图片、文字、标题等元素。商家只需要根据自己的需求，修改少量内容即可快速生成各种商品的描述和展示页面。

1.1.5 知识图谱

知识图谱（knowledge graph）是一种结构化的知识表示方法，用于存储和组织事实、概念和关系，帮助机器理解和推理复杂的语义关系。知识图谱通常使用图形数据库存储和查询知识。

AIGC 将丰富的知识点构建成知识图谱，并在人工智能（artificial intelligence，AI）算法的支持下，对复杂的关系和属性进行处理，有效帮助用户提高内容的组织和生成能力。

【案例 1–5】

智能问答系统通过知识图谱，将问题与相关的知识点联系起来，提供准确的回答和解释。例如，用户询问："中国的首都在哪里?"智能问答系统通过知识图谱找到关于"中国"的信息，包括其首都是北京。

1.1.6 图像处理

图像处理（image processing）是指对图像进行数字化处理和分析的技术，涉及图像增强、特征提取、模式识别等方法，使机器能够理解和处理图像。图像处理通常包括获取图像、预处理图像、提取特征、分类和识别等步骤。

AIGC 通过图像处理技术对图片进行分析、特征提取和编辑，以生成更加丰富多彩的视觉内容。

【案例 1–6】

智能安防系统通过图像处理技术，分析人脸、车牌等的特征，实现自动识别和监控功能。例如，在车站或机场等公共场所，安装摄像头进行监控，智能安防系统可以通过分析图像数据，自动识别并报警。当发现可疑人员或车辆时，可以及时采取措施。

1.1.7 音频处理

音频处理（audio processing）是指对声音进行数字化处理和分析的技术，包括声音采集、预处理、特征提取、语音识别等步骤。音频处理可以应用于语音识别、音乐合成、语音合成等领域。

AIGC 通过音频处理技术对声音进行分析、降噪、提取特征等处理，实现语音内容的识别和合成。

【案例 1–7】

智能语音助手通过音频处理技术，对用户的语音进行分析和识别，以便根据用户的需求提供相应的服务或响应。

1.1.8 视频处理

视频处理（video processing）是指对视频进行采集、编码、解码、分析和处理的技

术，涉及视频增强、目标跟踪、动作识别等技术。视频处理可以应用于监控、视频会议、娱乐等领域。

AIGC 通过视频处理技术对视频进行剪辑、特效添加、合成等操作，以提供更具吸引力和创意的视听内容。

【案例 1–8】

视频会议系统通过视频处理技术，对视频信号进行编码、解码、传输和显示，以便实现高效的远程协作和沟通。

1.1.9　情感分析

情感分析（sentiment analysis）是指对文本、语音或图像等数据进行情感分析的技术，可以识别文本、语音或图像中的情感色彩，包括积极、消极或中性等。情感分析可以应用于舆情监测、品牌管理、市场调研等领域。

AIGC 通过情感分析技术，理解文本、语音和图像所表达的情感色彩，从而更好地满足用户的需求，生成更加符合情感倾向的内容。

【案例 1–9】

社交媒体通过情感分析技术，对用户的评论和帖子进行情感分析，以便了解用户的态度和反馈，从而做出相应的营销和改进策略。

1.1.10　协同过滤与推荐系统

协同过滤（collaborative filtering）是一种推荐算法，可以根据用户的行为和偏好，自动推荐相似的产品或服务，主要基于用户—用户、产品—产品等不同的相似度计算方法实现。推荐系统（recommendation system）可以应用于电子商务、娱乐、社交网络等领域。

AIGC 通过协同过滤和推荐系统技术，分析用户的需求和兴趣，为创作者提供个性化的推荐和优化建议，提高创作效果和用户体验。

【案例 1–10】

电子商务平台通过协同过滤和推荐系统技术，根据用户的购买历史记录和偏好，自动推荐相关的商品和服务，提高用户的购买率和满意度。

1.2 常用工具

1.2.1 国内常用工具

1. 文心一言

文心一言是百度基于深度学习技术开发的文本生成模型，能够根据用户输入的语义信息自动生成文本内容，并具备多轮对话能力。文心一言主要应用于搜索引擎、智能客服、自动写作等领域，可以帮助人们快速获取信息、提高沟通效率或进行内容创作。

【案例 1–11】

用户在搜索引擎中输入问题，文心一言自动生成回答；在智能客服系统中，用户与机器人进行多轮对话，获取问题解决方案；在自动写作中，文心一言根据用户提供的主题和要求，自动生成文章或报告。

2. 文心一格

文心一格是百度基于深度学习技术开发的 AI 艺术和创意辅助平台，能够根据用户输入的语言描述，自动创作不同风格的图像。文心一格不仅可以生成符合用户需求的艺术作品，还可以为设计师、创意人员等提供灵感和辅助创作。

【案例 1–12】

用户输入一段文字描述，要求生成一幅水彩风格的画作。文心一格根据用户的描述，自动创作符合要求的画作。

3. 通义千问

通义千问是阿里云推出的一个超大规模的语言模型，具备多轮对话、文案创作、逻辑推理、多模态理解、多语言支持等功能，能够与人类进行多轮交互，并融入多模态的理解，可以撰写小说、编写邮件等。

4. 通义万相

通义万相是阿里云推出的AI绘画创作大模型，基于阿里研发的组合式生成模型Composer，可以辅助人类进行图片创作。

通义万相具有强大的图像生成和转换能力，可以帮助用户快速进行创意设计和表达，适用于多个领域，如广告创意、摄影后期、设计素材等。

5. 360智脑

360智脑是360基于Decoder-only结构研发的大语言模型，借鉴了ChatGPT模型的实现思路。360智脑可以完成文本生成、对话、代码生成、绘画等任务，比ChatGPT模型拥有更少的参数、更佳的中文性能。360智脑的训练语料库包括中文、英文、法文等多个语种。360智脑可以应用在多个领域，如智能客服、智能问答、智能写作等。例如，360智脑可以根据当前日期和时间进行推理回复，为用户提供更加智能化的服务。

6. 讯飞星火认知大模型

讯飞星火认知大模型是一个多模态的预训练模型，可以处理各种类型的输入，包括文本、图片、音频和视频。讯飞星火认知大模型可以应用在以下场景。

（1）文本生成。讯飞星火认知大模型可以应用于生成各种类型的文本，如新闻稿、小说、诗歌等。

（2）文本理解。讯飞星火认知大模型可以理解和回答用户的问题，可以应用在客户服务、智能助手等领域。

（3）图像生成。讯飞星火认知大模型可以生成新的图像，可以应用在艺术创作、游戏设计等领域。

（4）图像识别。讯飞星火认知大模型可以识别图像中的对象，可以应用在自动驾驶、安全监控等领域。

（5）音频生成。讯飞星火认知大模型可以生成新的音频，可以应用在音乐创作、语音合成等领域。

（6）音频识别。讯飞星火认知大模型可以识别音频中的内容，可以应用在语音助手、语音翻译等领域。

（7）视频生成。讯飞星火认知大模型可以生成新的视频，可以应用在电影制作、广告设计等领域。

（8）视频理解。讯飞星火认知大模型可以理解视频中的内容，可以应用在视频监控、内容审核等领域。

7. 智谱清言

智谱清言作为一种大语言模型，主要应用于各种文本创作、图片生成、音频生成、视频创作和多模态内容创作等方面。智谱清言可以应用在以下场景。

（1）文本创作。智谱清言可以用于撰写新闻报道、科技博客、观点文章等，帮助用户快速生成高质量的文字内容；可以为企业或个人提供策划方案内容，生成各类策划文案、方案书、建议书等；可以撰写广告文案、宣传口号等，提升产品或品牌的知名度和吸引力；可以为用户生成适合发布在社交媒体上的文字、图片和视频内容，提高互动率和关注度。

（2）图片生成。智谱清言可以根据用户提供的关键词或主题，生成与之相关的图片描述，辅助视觉设计；可以结合用户需求，生成具有创新性和视觉冲击力的创意设计作品；可以根据用户提供的文字描述，生成相应的插画或漫画作品。

（3）音频生成。智谱清言可以根据用户提供的音乐风格、节奏和旋律等要求，生成原创音乐作品；可以将用户提供的文本内容转换成自然流畅的语音，应用于语音助手、导航等场景；可以自动对用户提供的音频素材进行剪辑、混音和制作，生成独具特色的音频作品。

（4）视频创作。智谱清言可以根据用户的需求，生成电影、电视剧、广告等视频脚本；可以自动剪辑用户提供的视频素材，生成精彩纷呈的视频作品；可以为用户提供的视频生成字幕，优化观看体验。

（5）多模态内容创作。智谱清言可以将文本、图片、音频和视频等多种媒体形式融合在一起，生成丰富多彩的多模态内容；可以在多个领域之间进行跨界创作。例如，将绘画与音乐结合，生成独特的多媒体艺术作品。

8. 腾讯智影

腾讯智影是一款云端智能视频创作工具，集成了素材搜集、视频剪辑、后期包装、渲染导出和发布等功能，使视频创作过程更为高效和便捷。

（1）文本。腾讯智影支持文本配音和自动字幕识别，只需输入文本即可生成自然语音，适用于新闻播报、短视频创作、有声小说等各种场景。此外，通过声音克隆和音频训练等技术，腾讯智影还能实现自动去除冗余词及音频改写功能。

（2）数字人播报。数字人播报是腾讯智影的一项重要功能。创作者只需准备好图片、文本或配音，即可一键生成数字人播报视频，有多种风格可供选择，如写实风格与

卡通风格。

（3）音频。腾讯智影提供了文本配音、音色定制、智能变声等功能。其中，智能变声可以在保留原始韵律的情况下，将音频转换为指定人声，从而提升音频的表现力。

（4）视频。腾讯智影可以实现自动视频剪辑和渲染导出、字幕识别和智能横转竖等功能，大幅提升了创作的便利性。

9. 腾讯混元大模型

腾讯混元大模型是腾讯全链路自研的通用大语言模型，拥有超千亿参数规模。腾讯混元大模型具有强大的中文理解与创作能力、逻辑推理能力，以及可靠的任务执行能力。它能够根据用户输入的文本内容，自动生成符合要求的图像、音频和视频等不同模态的数据，提供全方位的信息和解决方案。

2023 年 9 月 6 日，微信上线了“腾讯混元助手”小程序，让用户更加方便地体验腾讯混元大模型的功能。9 月 7 日，腾讯正式发布了腾讯混元大模型，进一步扩展了其在人工智能领域的应用范围。9 月 15 日，腾讯混元大模型首批通过《生成式人工智能服务管理暂行办法》备案。

10 月 26 日，腾讯混元大模型正式对外开放了“文生图”功能，这是其在图像生成领域的一项重要应用。用户可以输入文本，直接生成符合要求的图像内容，为创意设计、广告营销等提供了更大的想象空间和更多的可能性。

1.2.2 国外常用工具

1. ChatGPT-3.5 和 ChatGPT-4

ChatGPT-3.5 和 ChatGPT-4 是由美国人工智能公司“开放人工智能研究中心”（OpenAI）开发的自然语言处理模型，可用于聊天机器人、智能客服等领域，提高了办公效率。与 ChatGPT-3 相比，ChatGPT-3.5 和 ChatGPT-4 在多个方面都有所改进，如模型容量更大、精度更高、生成的文本更加连贯和自然。ChatGPT-4 甚至打破了当前语言模型领域的多项纪录。

在内容创作方面，ChatGPT-3.5 和 ChatGPT-4 都可用于自动生成文章、故事、对话等文本内容，能够根据用户的要求，自动生成符合语法和语义规则的文本，大幅提高内容创作的效率和质量。同时，它们还可用于智能客服、聊天机器人等领域，根据用户的问题或需求，自动生成回答或解决方案。

2. New Bing（新必应）

New Bing 是微软推出的全新搜索引擎。相比于旧版 Bing，New Bing 具有更强的搜索能力和更好的人机交互体验。它采用了人工智能技术，根据用户的搜索历史和兴趣爱好，为用户提供更加个性化的搜索结果。

New Bing 不仅可用于搜索互联网信息，还可用于生成符合用户需求的文本内容。

【案例 1–13】

用户在 New Bing 上输入关键词，New Bing 会根据用户的搜索历史和兴趣爱好，自动生成相关的文本内容，如文章、新闻、评论等。

3. Claude 2

Claude 2 是由 Anthropic 发布的大语言模型。相比上一个版本，Claude 2 性能有所提升，能够实现更长文本的响应，在编程、数学、推理等方面都有大幅提升。Claude 2 是当前长文档处理的推荐选择之一。

Claude 2 可用于自动生成各种类型的文本内容，如文章、故事、对话、代码等。同时，Claude 2 还可用于编程、数学、推理等各种领域，为用户提供更加个性化的解决方案。

4. Midjourney

Midjourney 可以根据文本生成壁纸、插画、漫画、平面设计、企业 LOGO 等图像。Midjourney 的核心算法模型之一是全局模型，负责生成初始草图。该模型是基于深度学习技术构建的，采用了多层卷积神经网络和循环神经网络等方法，根据大量的绘画数据，学习绘画构图和元素布局规律，生成概率最高的构图。

用户输入相关的文本描述，Midjourney 自动生成符合描述的图像或插图。Midjourney 在各种领域都有广泛的应用，如设计、艺术、娱乐等。

5. LLaMA 2

LLaMA 2 是由 Meta 和微软联手推出的开源大语言模型，包括预训练的大语言模型和微调大语言模型，模型规模有 7B、13B、70B 等多种。LLaMA 2 旨在帮助开发者组织构建 AIGC 工具。

LLaMA 2 可用于自动生成各种类型的文本内容，如文章、故事、对话、代码等。

LLaMA 2 的开源性质使开发者可以自由地使用和修改，从而为在各种领域的应用提供了可能性。

综上所述，AIGC 工具在内容创作方面具有广阔的应用前景，可以自动生成各种类型的文本、图像、音频、视频等内容，提高内容创作的效率和质量。同时，AIGC 工具也可应用于各种领域，如写作、设计、编程、数学等，为用户提供更加智能化的解决方案。

第2章

AI 提示词技巧

2.1 AI 提示词的概念与应用

2.1.1 AI 提示词的定义和背景

AI 提示词是指用于与 AIGC 工具进行交互的文本片段或指令，以引导 AIGC 工具生成特定类型的响应。AI 提示词通常是用户提供给 AIGC 工具的输入，以便获取有关特定主题、问题或任务的信息。AI 提示词的设计和选择对于引导 AIGC 工具生成所需的内容非常关键。

AI 提示词的背景可以追溯到人工智能和自然语言处理领域的发展。随着深度学习和大型神经网络模型的兴起，如 GPT① 系列模型，使用 AI 提示词变得更加流行。这些模型在大规模语料库上进行了预训练，以学习自然语言的语法、语义和上下文，并可以在给定适当提示的情况下生成文本。

AI 提示词的设计可以是开放式的，允许用户自由输入问题或请求，也可以是具体的，要求用户按照特定的格式或模板提供提示，以获得期望的响应。这种灵活性使得 AI 提示词在多种应用中都具有广泛的用途，包括自然语言生成、问题回答、文本摘要、对话生成、创作助手等。同时，在使用 AI 提示词时需要谨慎，并需要监管和遵守道德准则，以确保生成内容对社会没有负面影响。

AI 提示词的研究和发展仍在继续，预计未来将会看到更加智能的、精确的和可控的 AI 提示词生成技术，从而有助于提高 AIGC 工具的实用性。

2.1.2 AI 提示词在内容创作中的应用

AI 提示词在内容创作中有广泛的应用，它可以提供有关主题、风格、结构和语法的建议，从而帮助创作者生成更具质量和吸引力的内容。以下是 AI 提示词在内容创作中的一些关键性应用。

---

① GPT（generative pre-trained transformer）是指一种预训练的生成模型，主要用于生成文本。

1. 文章写作

创作者可以使用AI提示词获取有关特定主题的研究建议、文章大纲、段落结构和关键观点。AI提示词可以帮助创作者更快速地构建文章，并确保内容的连贯性和信息质量。

2. 创意写作

小说作家、诗人和编剧可以使用AI提示词获得创意灵感，构思情节、角色和对话，可以为创意写作提供新的视角和创作方向。

3. 文案创作

广告策划和市场营销人员可以借助AI提示词生成吸引人的广告文案、标语和社交媒体内容，有助于创作更具吸引力的广告内容。

4. 技术文档和报告

专业技术人员可以使用AI提示词提高技术文档、报告和研究论文的质量和可读性。AI提示词可以提供专业的写作建议和术语使用建议。

5. 教育材料

教育工作者可以使用AI提示词创建课程大纲和教育资源，有助于提高教育材料的质量，并促进知识传播。

6. 新闻报道

新闻记者和编辑可以通过AI提示词获取有关新闻报道的写作建议，进行事实核查和头条生成，提高新闻报道的准确性和吸引力。

7. 网站内容

网站管理员和创作者可以使用AI提示词生成网站文章、产品描述和帖子，有助于维护和更新网站内容，以吸引更多的访问者。

8. 内容编辑

编辑和校对人员可以使用AI提示词改进已有的文本，纠正拼写和语法错误，进行风格建议和检查编辑错误。

9. 自动摘要

AI提示词还可用于自动生成文章、报告或长文本的摘要和总结，有助于更快速地了解文本的主要内容。

虽然AI提示词在内容创作中提供了很多有效的功能，但仍需谨慎使用。创作者应该确保最终生成内容与其预期和价值观一致，同时要审慎考虑AIGC工具生成内容的准确性和道德问题，以确保内容的合法性和合规性。

2.2 提问与追问技巧

2.2.1 角色定位提问

在内容创作中，巧妙使用提问与追问技巧，有助于探讨和解决问题。其中，角色定位提问是一种特定类型的提问技巧，即为AIGC工具设定一个角色定位，通过确定角色与场景、提出有针对性的问题、追问细节与深入挖掘、灵活调整问题与角色，以及总结与反思，为内容创作提供更多的灵感和帮助。

【案例2-1】

【用户提问】

假如你是一名网络小说作家，正在构思一份悬疑小说的大纲，你将如何构思大纲，加入哪些情节和元素？

【ChatGPT回答】

构思一个悬疑小说的大纲需要考虑情节、角色、谜团和紧张氛围。以下是一个简单的悬疑小说大纲示例，包含关键情节和元素：

悬疑小说大纲：《幽静别墅的秘密》

背景设置：

故事背景设定在一个遥远、幽静的别墅，被茂密的树林环绕，与世隔绝。

主要角色是一名私人侦探，被一名神秘的客户雇佣前来解开别墅中的谜团。

情节和元素：

1. 神秘的邀请：

侦探主人公收到一封神秘的邀请函，要求前往别墅。

函件未签名，只附有一个地址和日期。

2. 别墅中的谜团：

主人公到达别墅后，发现它被锁住，而窗户上都有铁栅栏。

别墅内有许多古怪的艺术品和象征，似乎藏有秘密。

3. 神秘的居民：

别墅内居住着几名神秘的居民，每个人都有自己的秘密。

主人公必须与他们互动，了解他们的过去和动机。

4. 失踪的继承人：

客户声称别墅中隐藏着关于一位失踪继承人的线索。

主人公必须追踪这个线索，找到关键证据。

5. 恐怖事件的发生：

别墅中开始发生一连串恐怖事件，如怪异的声音、突然失踪的物品和诡异的幻觉。

主人公必须解开这些事件背后的真相。

6. 解开谜团：

通过破解谜团，主人公逐渐揭开了别墅和居民的秘密，以及失踪继承人的下落。

最后，他揭示了客户的真实身份和动机。

7. 高潮和揭示：

小说走向高潮，主人公揭示了真相，并揭示了背后的犯罪和复仇动机。

高潮时，别墅内发生危险的事件，主人公必须保护自己和别墅内的人。

8. 结局：

小说以揭示背后秘密的结局结束，主人公解决了谜团，但也付出了代价。

故事的结局可能暗示着主人公的未来冒险。

这是一个简单的示例大纲，您可以根据需要添加更多情节、角色和复杂性，以创造一个引人入胜的悬疑小说。在构思大纲时，考虑如何保持读者的兴趣，逐步揭示谜团，并在高潮时提供令人惊喜的揭示。悬疑小说的成功在于将读者带入复杂的故事中，让他们渴望了解真相。

（以上内容由 ChatGPT 生成，未改动）

在使用角色定位提问技巧时，可以要求 AIGC 工具担任任何角色来回答专业的问题。

先为 AIGC 工具设定一个专业的角色，这样它的回答才会更专业、更准确。若角色定位不清晰，AIGC 工具的回答也会打折扣。

除了设定 AIGC 工具的角色外，还要告诉它所面对的用户是谁，是为谁提供回答。例如，可以说明提问用户的年龄、性别等对理解问题有用的关键信息。

2.2.2 给定标准提问

提问与追问技巧可以帮助用户更有效地从数据和信息中提取有价值的内容。给定标准提问是一种常用的提问技巧，通常包括具体、简洁、明确、有关 4 个关键要素。这些要素可以帮助用户提出清晰、准确的问题，以获得满意的回答。

1. 具体

具体是指在提问时尽量具体明确，应该避免模糊的问题，尽量提供具体的细节和背景信息。例如，可以问“这个产品的详细规格是什么?”，而不是“这个产品的规格怎么样?”。这样会更容易获得准确的回答。

2. 简洁

简洁是指在提问时尽量言简意赅，避免冗长的叙述。简洁的问题可以提高 AIGC 工具理解和回答的效率。例如，可以问“这款手机的内存是多大?”，而不是“这款手机的内存大小是多少? 能不能详细介绍一下这款手机的内存规格?”。这样就可以更快地获得回答。

3. 明确

明确是指问题应该具有清晰的结构，以便 AIGC 工具能够准确理解用户的意图，避免使用模棱两可的词汇和表达方式，以免引起歧义。例如，可以问“明天的天气怎么样?”，而不是“明天天气如何?”。这样就可以更准确地获得回答。

4. 有关

有关是指尽量提供与问题相关的信息和背景，帮助 AIGC 工具更好地理解问题，从而提供更准确的回答。例如，可以问“这款手机的电池容量是多大? 续航时间是多长?”，而不是“这款手机有什么特点?”。这样可以让 AIGC 工具更好地理解问题。

总之，提问与追问技巧可以帮助用户更有效地从数据和信息中提取有价值的内容。通过给定标准提问，可以提出清晰的、准确的问题，以获得满意的回答。

【案例 2-2】

【用户提问】

我正在准备一份关于太阳能的研究报告，我需要获取关于太阳能电池技术的信息。请提供有关太阳能电池技术的最新研究进展和效率提升方法的信息。此外，是否有新兴的材料或技术在太阳能电池制造中得到广泛应用？

【讯飞星火认知大模型回答】

非常感谢您提供明确的问题和上下文信息。以下是关于太阳能电池技术的最新研究进展和效率提升方法的信息，以及有关新兴材料和技术在太阳能电池制造中的应用：

最新研究进展和效率提升方法：

双面太阳能电池板：研究人员最近在双面太阳能电池板上取得了显著进展。这些电池板可以捕获阳光照射的正面和背面光线，从而提高电池的总发电量。

钙钛矿太阳能电池：钙钛矿太阳能电池已成为太阳能领域的一个热门话题。它们在效率和成本方面都有潜力，研究人员不断改进其稳定性和可持续性。

锂离子电池集成：研究人员正在探索将太阳能电池与锂离子电池集成，以储存白天产生的电能供晚上使用。这种整合有望提高太阳能电池系统的利用率。

效率提升技术：多晶硅太阳能电池的效率提升技术得到了广泛研究。这包括反射镜、光伏跟踪系统和光学增强技术等，以提高太阳能电池的能量转换效率。

新兴材料和技术应用：

钙钛矿材料：钙钛矿材料在太阳能电池中的应用正在迅速增加。它们具有高效率和低成本的潜力，吸引了广泛的研究兴趣。

柔性太阳能电池：柔性太阳能电池采用柔性底板，可以应用于曲面、建筑材料和可穿戴设备。这些电池利用了新兴的材料和制造技术。

有机太阳能电池：有机太阳能电池使用有机半导体材料，其生产成本较低，可以应用于可印刷电子设备和大面积发电。

双结太阳能电池：双结太阳能电池采用多种材料，结合了不同的光谱范围，以提高光电转换效率。

这些是关于太阳能电池技术的一些最新研究和应用方面的信息。请注意，太阳能领域的研究在不断发展，新的发现和创新不断涌现，这也使得太阳能电池技术具有巨大的潜力。如果您需要更详细的信息或有其他问题，请随时提出。

（以上内容由讯飞星火认知大模型生成，未改动）

在使用给定标准提问技巧时，首先，要明确用户提出问题的目的：是希望获取特定信息或知识，以满足研究、了解或解决问题的需求，还是需要信息支持决策制定、解决问题或规划未来行动，或者是希望了解其他人的观点、看法和经验，以进行比较或获得更多的思路。

其次，使用清晰、简洁和具体的语言提问，避免冗长或含混不清的问题。问题应该直接针对主题，不包含不相关的信息或背景。

错误问法：我正在考虑购买一部新手机，但我对各种品牌和型号感到困惑。你是否可以告诉我市场上哪款手机具有较好的性能、相机和较长的电池寿命？

正确问法：哪款手机在性能、相机和电池寿命方面表现最佳？

最后，应尽量使问题集中在一个主题或一个问题上，以避免混淆或歧义。一个问题不应该包含多个子问题，每个问题均应独立回答。

2.2.3 延伸扩展追问

提问与追问技巧可以帮助用户更深入地了解问题并获得更全面的回答。在提问时，可以采用延伸扩展追问的技巧，引导 AIGC 工具对问题进行更深入的思考和分析。延伸扩展追问是指在提问时，将问题逐步引向更广泛、更深入的领域，以获取更多的细节和背景信息。

【案例 2–3】

假设用户想了解人工智能在医疗保健领域的应用，可以参考以下提问方式。

【初始提问】

请提供一份文章的大纲，涵盖人工智能在医疗保健领域的应用，包括诊断、治疗和数据分析。

【初级追问】

能否详细介绍人工智能在疾病诊断方面的应用，如影像识别技术和基因分析？

能否讨论人工智能如何支持制订个性化治疗计划？

能否提供信息，说明在医疗保健领域使用人工智能时涉及的数据隐私和安全问题？

【延伸扩展追问】

在疾病诊断方面，能否深入探讨人工智能所使用的机器学习算法，以及它们如何提高准确性？

在个性化治疗方面，能否详细介绍人工智能如何支持临床试验的设计和结果分析？

在数据隐私方面，能否探讨医疗保健领域的法规和合规要求，以确保数据的安全性？

在使用延伸扩展追问技巧时，可以先从一个宽泛的话题开始，然后逐步细化问题，让 AIGC 工具提供更具体的细节和例子。例如，先问“什么是人工智能?”，然后细化问题，让 AIGC 工具解释人工智能的不同类型、应用领域及发展历程等。

引入与问题相关的话题，让 AIGC 工具比较和分析不同话题之间的联系和区别。例如，可以问“人工智能与机器学习有什么区别?”，然后让 AIGC 工具详细解释这两个概念的不同和相似之处。

提出假设性的问题，让 AIGC 工具思考并分析问题的可能性。例如，可以问“如果人类可以完全掌控人工智能，将会发生什么?”，然后让 AIGC 工具探讨这种假设的可能性以及其带来的影响。

总之，延伸扩展追问技巧可以帮助用户获取更全面、更深入的信息和观点。通过逐步细化问题、引入相关话题和提出假设性问题，让 AIGC 工具提供更多有价值的内容。

2.2.4　概括总结追问

在内容创作中，概括总结追问是一种非常有效的技巧，可以帮助用户获取更全面的信息。

【案例 2-4】

假设用户用文心一言研究美妆市场的趋势和竞争情况，并希望获取更多关于市场动态和竞争格局的信息，可以参考以下提问方式。

【用户提问】

美妆市场的趋势是什么？（概括问题）

【文心一言回答】

美妆市场的趋势受到多种因素的影响，包括消费者需求、技术创新、社会文化等。以下是一些当前的美妆市场趋势：

个性化需求：消费者对美妆产品的需求越来越个性化，对产品的选择更加注重自己的喜好和风格。同时，随着社交媒体的普及，消费者可以更加方便地表达自己的美妆需求和心得，进一步推动了美妆市场的个性化趋势。

天然和健康：消费者对天然和健康的美妆产品需求不断增加。这些产品通常不含化学成分，对皮肤和身体健康更为有益。同时，消费者对有机、环保、可持续等理念也越来越关注。

科技应用：随着科技的发展，美妆行业也越来越多地应用新技术，如人工智能、虚拟现实、3D 打印等。这些技术可以改变产品的配方和生产过程，提高产品的效果和舒适度，同时也为消费者提供了更加便捷的购物体验。

……

总之，美妆市场的趋势是多元化、个性化、健康、科技应用和社交电商等元素的综合体现。对于品牌来说，需要不断创新和适应市场的变化，以满足消费者的需求并保持竞争力。

（以上内容由文心一言生成，有删减）

【用户提问】

主要竞争对手有哪些？（总结问题）

【文心一言回答】

美妆市场的主要竞争对手包括国际品牌和本土品牌。

国际品牌如雅诗兰黛、兰蔻、资生堂等具有强大的品牌影响力和市场渠道，在产品研发、品质控制等方面具有优势。这些品牌通常拥有先进的研发技术和生产工艺，能够提供高品质的产品。此外，它们在市场推广和广告宣传方面的投入也相对较大，能够吸引更多的消费者。

本土品牌如百雀羚、自然堂、珀莱雅等则具有深入了解本土市场的优势，能够更好地满足消费者的需求。本土品牌在产品研发和生产方面也有一定的优势，可以根据本土消费者的肤质、气候和文化特点进行定制化设计。此外，本土品牌在价格上相对较为亲民，适合中低收入人群。

无论是国际品牌还是本土品牌，它们都在努力适应市场的变化和消费者的需求，不断创新和提升自己的竞争力。

（以上内容由文心一言生成，有删减）

【用户提问】

它们的市场份额和产品特点分别是什么？（继续追问）

【文心一言回答】

国际品牌和本土品牌在市场份额和产品特点上存在一定的差异。

国际品牌在市场份额上占据一定的优势，它们在全球范围内拥有广泛的市场渠道和品牌影响力。这些品牌通常在高端市场和中高端市场占据主导地位，能够提供高品质、高附加值的产品。此外，它们在研发、生产和品质控制方面具有先进的经验和能力，能够不断创新和推出新产品。

本土品牌在市场份额上相对较小，但它们在本土市场具有一定的优势。这些品牌通常更加了解本土消费者的需求和文化特点，能够提供更适合本土市场的产品。此外，本土品牌在价格上相对较为亲民，适合中低收入人群。

（以上内容由文心一言生成，有删减）

在使用概括总结追问技巧时，首先，提出一个概括性的问题，如“当前市场的趋势是什么?”，帮助用户获取关于市场整体走向的宏观信息。在得到回答后，需要对回答进行总结和提炼。例如，回答可能提到“市场朝着智能化、个性化、环保化等方向发展”。通过总结回答，可以更清晰地了解市场的主要趋势和方向。

接着，细化问题，将其分解成更小的部分，以帮助 AIGC 工具更清晰地了解问题的背景。例如，“哪些公司或品牌是市场的主要参与者?”“它们的市场份额和产品特点分别是什么?”通过继续追问，可以获取关于市场竞争格局的具体信息。

2.2.5 联系上下文追问

联系上下文追问是指在用 AIGC 工具生成内容的过程中，根据已有的信息或已经生成的部分内容，向 AIGC 工具提出与上下文相关的问题，以便更好地引导 AIGC 工具生成符合预期的内容。在使用过程中，要注意避免过度依赖引用信息，准确设置上下文的相关参数以及保持互动，以充分发挥联系上下文追问技巧的优势。

【案例2-5】

以论文写作为例，使用联系上下文追问技巧，引导AIGC工具生成有关特定论文主题的信息。

【用户提问】

我需要一些如何撰写一篇研究论文的建议。

在初始上下文中，用户表明了需要一些关于研究论文写作的建议，但还不够具体。

第一次追问

【用户提问】

能否给我一些建议，如何选择一个研究论文的主题？

通过第一次追问，用户要求AIGC工具提供关于选择研究论文主题的建议。

第二次追问

【用户提问】

如何编写一份引人注目的论文摘要？

通过第二次追问，用户要求AIGC工具提供关于编写论文摘要的建议，这是论文写作的关键部分。

第三次追问

【用户提问】

能否提供一些关于论文文献综述的提示？

通过第三次追问，用户要求AIGC工具提供关于编写论文文献综述的提示。

第四次追问

【用户提问】

如何确保我的论文具有逻辑性和连贯性？

通过第四次追问，用户要求AIGC工具提供关于确保论文逻辑性和连贯性的建议，这是论文写作的另一个关键部分。

通过一系列追问，引导 AIGC 工具生成与论文写作相关的建议和信息，使其更符合用户的具体需求。联系上下文追问技巧使生成内容更有深度和相关性，从而提高生成内容的质量。

使用联系上下文追问技巧的时候，要确保提供的上下文信息清晰明了，并与希望 AIGC 工具生成的内容主题相关，这有助于 AIGC 工具理解要生成的内容。

可以使用特定的关键词或短语引导 AIGC 工具在特定主题上进行更深入的思考，这有助于激发 AIGC 工具的潜力。

在提供上下文时，要注意上下文长度适当。太短的上下文不足以让 AIGC 工具完全理解语境，而太长的上下文可能让 AIGC 工具难以捕捉要点。

对于 AIGC 工具生成的内容要及时给予反馈，帮助 AIGC 工具了解哪些类型的内容更符合用户的期望，从而做出更加准确的判断。

2.2.6 强化自洽追问

当处理复杂的主题或概念时，确保生成的内容在不同部分之间具有逻辑连贯性非常重要。此时，可以使用强化自洽追问技巧引导 AIGC 工具提供更详细的信息，以填补可能的逻辑漏洞。

强化自洽追问技巧可以确保生成内容的信息在不同部分之间协调和一致，避免矛盾或模棱两可的陈述。保持内容的逻辑连贯性，使用户容易理解不同部分之间的关联性。确保内容的各个部分都与主题或话题保持一致，以避免离题或不相关的信息。

【案例 2-6】

当使用强化自洽追问技巧时，可以确保生成的文本在逻辑上和主题上保持一致。以下是一个使用强化自洽追问技巧生成气候变化文章的案例。

【用户提问】

请帮我写一篇关于气候变化的文章。

第一次追问

【用户提问】

首先，我们需要了解气候变化的定义和原因，可以提供相关信息吗?

【某 AIGC 工具回答】

气候变化是地球长期气象模式的变化，通常被归因于人类活动，包括化石燃料的燃烧和森林砍伐，这些活动导致了温室气体排放的增加。

（以上内容由某 AIGC 工具生成，未改动）

第二次追问

【用户提问】

现在，让我们探讨气候变化的影响，特别是在极端天气事件方面，能提供一些例子吗？

【某 AIGC 工具回答】

当涉及气候变化时，极端天气事件如飓风、洪水和干旱变得更为频繁和严重。例如，全球变暖已导致飓风更强大、洪水更普遍，以及干旱在某些地区的加剧。

（以上内容由某 AIGC 工具生成，未改动）

第三次追问

【用户提问】

最后，我们需要讨论如何减轻气候变化的影响和可持续的解决方案，有具体的建议吗？

【某 AIGC 工具回答】

减轻气候变化的方法包括减少温室气体排放，提倡可再生能源，保护森林和采用更环保的交通方式。这些措施有助于减轻气候变化的影响并实现可持续发展。

（以上内容由某 AIGC 工具生成，未改动）

在这个案例中，通过一系列追问和回答，可以确保生成的内容在不同部分之间具有内在的一致性，包括定义、影响和解决方案的讨论。这有助于提高文章的逻辑性、连贯性和整体质量。

使用强化自洽追问技巧时，要将重点放在主题或重要信息上。在追问时，优先讨论核心的问题，然后逐渐深入其他方面。要使用先前的信息和上下文进行引导追问，以确保生成内容与先前内容保持一致。

如果需要更详细的信息，要明确提出，以确保生成的内容包含所需的信息。根据生成的内容，考虑对回答进行修正和完善。

2.2.7 聚类分类追问

在进行聚类分析或分类任务时，可以使用聚类分类追问技巧，即对 AIGC 工具生成的内容进行进一步询问或探究。通过聚类分类追问技巧，可以更好地理解 AIGC 工具生成的内容，发现其中的问题和不足，并进行相应的调整和改进。

【案例 2-7】

假设用户是一家公司的市场营销经理，负责管理一份客户名单。用户可以使用聚类分类追问技巧分析客户的购买行为、地理位置、年龄等信息，以便将客户分为不同的细分市场。这样，用户可以针对每个细分市场制定更有效的营销策略。

【用户提问】

我要针对美妆产品市场制定营销策略，请根据客户的购买行为、地理位置和年龄等信息，将客户分为不同的细分市场。

【讯飞星火认知大模型回答】

当然可以。以下是一个针对美妆产品市场的细分市场划分：

年轻女性（18～24 岁）：这个细分市场的客户通常是学生或刚刚步入职场的年轻女性，她们关注时尚潮流，喜欢尝试新的美妆产品。她们通常居住在大城市，如北京、上海等。针对这个细分市场，您可以推出时尚、个性化的美妆产品，并通过社交媒体和线上平台进行宣传。

成熟女性（25～40 岁）：这个细分市场的客户通常是已婚或有一定工作经验的女性，她们关注护肤和抗衰老产品，追求自然、优雅的妆容。她们可能居住在一、二线城市或较小的城市。针对这个细分市场，您可以推出高品质的护肤和彩妆产品，并通过电视广告、杂志等传统媒体进行宣传。

男性消费者：虽然男性美妆市场相对较小，但仍有一定的潜力。这个细分市场的客户主要是关注个人形象和仪容的男性，他们可能会购买护肤品、剃须用品等产品。针对这个细分市场，您可以推出专为男性设计的美妆产品，并通过线上平台和社交媒体进行宣传。

老年人（40 岁以上）：这个细分市场的客户年龄较大，她们关注护肤和保湿产品，追求自然、健康的妆容。她们可能居住在一、二线城市或较小的城市。针对这个细分市场，您可以推出适合成熟肌肤的护肤和彩妆产品，并通过电视广告、报纸等传统媒体进行宣传。

（以上内容由讯飞星火认知大模型生成，未改动）

使用聚类分类追问技巧时，要提供清晰的问题背景和数据描述，帮助 AIGC 工具更好地理解用户的问题，并提供更有针对性的回答。例如，可以描述数据的特点、数据的来源和采集方式，以及希望从数据中获取哪些信息。

如果对 AIGC 工具生成的内容有疑问或不确定的地方，可以进行追问。例如，询问 AIGC 工具对于某个特定样本的分类结果、AIGC 工具在做出决策时考虑的特征和权重等，这有助于更好地理解 AIGC 工具的决策过程和生成内容的准确性。

2.2.8 分步骤追问

在用 AIGC 工具生成内容时，使用分步骤追问技巧，可以帮助用户逐步引导 AIGC 工具进行更深入的思考和分析。分步骤追问技巧是指将复杂的问题分解成子问题，然后逐一追问，以获得更详细和全面的回答。

【案例 2-8】

以“一名旅行博主想要为即将到来的夏天写一篇关于海岛落日的文章”为例，逐步展示分步骤追问技巧。

【用户提问】

我是一名旅游博主，我想写一篇关于海岛落日的文章，你能提供一些建议吗？

【讯飞星火认知大模型回答】

当然可以。以下是一些建议，希望对您撰写关于海岛落日的文章有所帮助：

1. 选择一个具有代表性的海岛：为了吸引读者的兴趣，您可以选择一个具有独特魅力和美丽景色的海岛作为您的文章主题。例如，巴厘岛、马尔代夫、希腊圣托里尼等都是非常受欢迎的旅游目的地。

2. 描述落日时分的美景：在文章中，您可以详细描述海岛落日时分的美丽景色，如金色的阳光洒在海面上，天空中的云彩被染成粉红色等。此外，您还可以分享一些拍摄落日照片的技巧，帮助读者更好地捕捉这一美好时刻。

3. 介绍当地的文化和风俗：除了自然景观外，您还可以介绍一些与海岛落日相关的当地文化和风俗。例如，某些海岛上的居民可能会举行特殊的仪式来庆祝太阳落山，或者有特色的美食和活动与落日有关。

4. 提供实用的旅行建议：为了让您的文章更具实用性，您可以提供一些关于前往海岛观赏落日的旅行建议。这包括最佳的旅行时间、如何安排行程、住宿选择等。同时，您还可以推荐一些观赏落日的好去处，如海滩、山顶等。

……

（以上内容由讯飞星火认知大模型生成，有删减）

接下来，在初始问题的基础上，将初始问题分解成子问题。例如，已选定了巴厘岛作为海岛落日文章的地点，可以继续追问。

【用户追问】

请为我提供一些关于巴厘岛的信息，包括地理位置、与海岛落日相关的当地文化、风俗及美食。

【讯飞星火认知大模型回答】

当然可以。以下是关于巴厘岛的一些信息：

地理位置：巴厘岛位于印度尼西亚，距离首都雅加达约 1,000 公里。它是印度尼西亚 34 个省份之一，也是著名的旅游胜地。

海岛落日相关的当地文化和风俗：在巴厘岛，太阳落山时被认为是一天中最重要的时刻之一。当地人称之为“卡梅伦”，意味着“太阳下山”。在这个时刻，人们会聚集在海滩、寺庙或家庭庭院，举行各种仪式和活动来庆祝这一美好时刻。例如，在库塔海滩，您可以观看到当地的传统舞蹈表演，如巴龙舞（Barong Dance）和凯查克舞（Kecak Dance）。此外，巴厘岛的寺庙也会在太阳落山时举行祈祷活动，游客可以参观并了解当地的宗教信仰。

当地美食：巴厘岛的美食以新鲜的海鲜、香料和独特的烹饪方法而闻名。以下是一些您不容错过的巴厘岛特色美食：

纳西格莱（Nasi Goreng）：这是一道印尼炒饭，主要由米饭、蔬菜、肉类和鸡蛋炒制而成。味道丰富多样，是巴厘岛最受欢迎的早餐之一。

……

（以上内容由讯飞星火认知大模型生成，有删减）

在收集了足够的信息后，可以继续用 AIGC 工具帮助用户制定文章的大纲。例如，“请为我提供一份关于海岛落日博客文章的大纲。”有了大纲之后，就可以开始撰写文章的初稿。在这个过程中，还可以继续向 AIGC 工具提问，以获取更多有关写作主题的信息。例如，针对“海岛落日相关的当地文化和风俗”，可以继续追问“如果我想参加寺庙的祈福活动，你推荐哪个寺庙？有什么注意事项吗？观看当地传统舞蹈表演的最佳时间是何时？”等。

根据 AIGC 工具的回答，逐步构建针对每个子问题的回答，再将每个子问题的回答进行整合，完成初稿。

使用分步骤追问技巧，可以逐步引导 AIGC 工具提供更详细和全面的回答，从而更好地解决问题。分步骤追问技巧可以帮助用户更好地理解 AIGC 工具的工作原理和思路，并提升与人工智能的交互体验。

2.2.9 调整关键词追问

调整关键词追问是一种在生成内容时，通过改变关键词获取更具体、更详细信息的追问技巧。

【案例 2-9】

以“用户想要了解人力资源职业信息”为例，展示如何通过调整关键词获取精准的信息。

【用户提问】

国产护肤品的市场规模如何？

【文心一言回答】

国产护肤品的市场规模正在不断扩大。根据不同的数据来源，国产护肤品的市场规模存在差异。例如，根据欧睿国际的数据显示，2021 年中国护肤品市场规模为 958 亿元，其中国产品牌的市场规模为 31.1%，而国际品牌的市场规模为 68.9%。而根据前瞻产业研究院的数据显示，2021 年中国护肤品市场规模为 412.3 亿美元，其中国产品牌的市场规模为 48.8%，而国际品牌的市场规模为 51.2%。

但需要注意的是，国产护肤品的市场规模与国际品牌相比仍然存在一定的差距。同时，随着消费者对品质和效果的追求不断提高，对于国产品牌的认可度和需求也在逐渐增加。因此，国产护肤品需要不断提高产品质量和服务水平，加强品牌建设和营销推广，以更好地满足消费者的需求并提高市场份额。原始问题：人力资源职业是什么？

……

（以上内容由文心一言生成，有删减）

这是一个很宽泛的问题，如果得到的回答不理想，可以进一步调整问题的关键词。例如：国产护肤品的全球和国内市场规模如何？市场增长趋势是什么？国产护肤品的主要细分市场有哪些，如面部护理、身体护理等？国产护肤品主要品牌是哪些，它们在市场中的地位如何？国产护肤品的受众群体主要有哪些，包括年龄、性别、收入水平等？他们对国产护肤品有什么特殊偏好？

通过调整关键词追问，可以更准确地获得关于国产护肤品的市场信息。

【操作提示】

使用调整关键词追问技巧生成内容或获取信息时，要掌握以下技巧。

1. 从宽泛到具体

如果初始关键词过于宽泛，可能得到很多不相关的信息。这时，可以尝试将关键词具体化。例如，如果初始关键词是“猫”，可以追问“波斯猫”。

2. 拆分关键词

在明确了问题后，需要拆分问题中的关键词。关键词可能是短语、词汇或短语组合，拆分后可以更好地理解问题的本质。例如，可以将“人力资源”进一步拆分成“招聘”“培训”“绩效管理”“薪酬福利”等关键词。

3. 组合关键词

组合关键词是为了形成新的查询语句，以获取更精准的回答。例如，将“旅游度假”“酒店预订”“旅游攻略”组合成“旅游度假酒店预订攻略”或者“旅游度假酒店预订与旅游攻略指南”等查询语句。组合关键词要考虑关键词之间的逻辑关系。

4. 拓展关键词

在拆分和组合关键词后，还可以尝试拓展关键词，以获得更广泛的信息。例如，可以将“旅游度假”拓展到“酒店预订”“景点推荐”“旅游攻略”等相关词汇，以获取关于旅游度假的更全面的信息。还可以用 AIGC 工具提供的关键词建议功能，寻找与问题相关的关键词。

2.2.10 控制引导生成追问

在用 AIGC 工具生成内容的过程中，使用控制引导生成追问技巧，可以引导 AIGC 工具朝着某个特定的方向进行思考，从而得到更准确的回答。

【案例 2–10】

以计算机专业的硕士生写毕业论文（人工智能在医疗诊断中的应用）为背景，展示如何通过控制引导生成追问技巧获得与论文主题相关的信息。

【用户提问】

请提供一些关于人工智能在医疗诊断中应用的基本信息。

【ChatGPT 回答】

人工智能在医疗诊断中有广泛的应用。它可以用于医疗影像分析，自动检测 X 射线、MRI 和 CT 扫描中的异常。此外，人工智能还能协助医生诊断心脏病、癌症和其他疾病，提供早期预警和更准确的诊断结果。

【用户追问】

请详细介绍医疗影像分析方面的人工智能应用，以及它们如何改善诊断过程。

【ChatGPT 回答】

医疗影像分析是人工智能在医疗领域的一个关键应用。AI 可以识别 X 射线、MRI 和 CT 扫描中的疾病迹象，协助医生快速发现异常。这有助于提高诊断的准确性和速度，特别是在繁忙的医院环境中。此外，它还可以帮助减少漏诊和误诊的风险。

【用户继续追问】

在人工智能辅助下，医疗保健数据分析有哪些潜在的优势，尤其是在疾病预测和流行病学研究方面？

【ChatGPT 回答】

人工智能在医疗数据分析方面有多项优势。它可以处理大规模的医疗数据，快速发现模式和趋势，用于疾病预测。例如，AI 可以分析患者的医疗历史，以预测慢性疾病的风险。在流行病学研究中，AI 可以帮助追踪和预测传染病的传播，提供及时的干预措施。

【用户继续追问】

可以提供一些有关人工智能辅助手术和药物研发方面的人工智能应用的示例吗？

【ChatGPT 回答】

当涉及智能辅助手术时，AI 可以提供精确的导航和实时反馈，帮助外科医生执行复杂的手术。在药物研发方面，AI 可以分析大量的分子和药物数据，加速新药物的发现和研发。它还可以预测药物的潜在副作用和相互作用，有助于更安全的和高效的药物设计。

【用户继续追问】

最后，请总结未来人工智能在医疗领域的发展趋势以及可能的挑战。

【ChatGPT 回答】

未来，人工智能在医疗领域的应用将继续扩大。它将改善诊断的准确性和速度，有助于个性化治疗和精准医学的发展。然而，也存在一些挑战，如数据隐私和伦理问题，以及需要不断更新的算法。因此，需要加强监管和伦理框架，以确保 AI 在医疗领域的安全和有效使用。

（以上内容由 ChatGPT 生成，未改动）

通过以上的步骤引导 AIGC 工具生成内容，可以深入探讨特定的话题，逐步获得更多的相关信息，以构建一个连贯的对话或问答。控制引导生成追问技巧有助于引导 AIGC 工具生成内容，使内容更具信息量。

在使用控制引导生成追问技巧时，需要明确希望通过 AIGC 工具获得什么信息或回答——是为了了解某个特定主题的更多细节，还是想从不同的角度看待一个问题。明确目标有助于构建问题。

在提问时，尽量将问题限制在一个具体的范围内，以便 AIGC 工具可以给出更准确的回答。例如，如果询问关于历史事件的信息，可以指定是哪个时期的历史事件。

尽量使用引导性的问题推动 AIGC 工具思考。例如，可以问："如果一个世纪前的人来到现代，他们最初会注意到什么变化？"这样的问题可以激发 AIGC 工具考虑一些可能的变化，然后基于这些变化提供详细的回答。

当 AIGC 工具给出回答后，尽量根据它的回答进行追问。例如，如果 AIGC 工具回答："人们现在使用智能手机进行通信。"可以追问："智能手机和以前的手机有什么不同？智能手机的普及对人们的生活有什么影响？"这些问题可以帮助用户深入了解 AIGC 工具的回答。

使用控制引导生成追问技巧向 AIGC 工具提问是一个互动的过程，需要不断地调整和适应。了解 AIGC 工具，就能够更有效地使用控制引导生成追问技巧获取需要的信息和回答。

2.3 AI提示词的使用与注意事项

2.3.1 使用 AI 提示词的常见问题及解决方案

使用 AI 提示词时可能遇到一些问题，以下是常见问题及解决方案。

问题 1：生成内容不相关或模糊。

解决方案：

（1）提供更明确的 AI 提示词。确保 AI 提示词足够具体和清晰，以帮助 AIGC 工具更好地理解用户的意图。

（2）调整温度参数。尝试调整 AIGC 工具的温度参数。较低的温度参数（接近 0）可以使生成内容更加确定，较高的温度参数（接近 1）可以使生成内容更加多样，但有时可能导致内容模糊。

（3）调整 AI 提示词或重复提示。如果生成内容仍然不满意，可以尝试调整 AI 提示词或重复提示，以获取更合适的内容。

问题 2：生成内容过于重复或缺乏多样性。

解决方案：

（1）修改 AI 提示词。尝试不同的 AI 提示词或稍微修改 AI 提示词，以激发更多的创意和多样性。

（2）限制长度。在生成内容中使用 max_tokens 参数限制生成的标记数量，以防止内

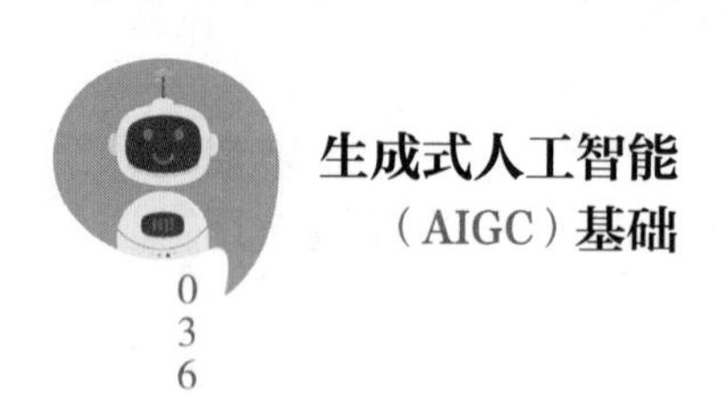

容过长或重复。

问题 3：生成内容包含不准确或错误的信息。

解决方案：

（1）人工审查。生成内容可能包含不准确或错误的信息，需要进行人工审查，确保生成内容符合主题。

（2）提供明确的上下文。在 AI 提示词中提供明确的上下文和细节，以帮助 AIGC 工具更好地理解问题，从而减少不准确或错误的信息生成。

问题 4：生成内容可能包含偏见或不当信息。

解决方案：

（1）审查和编辑。生成内容需要经过审查和编辑，以确保不包含偏见或不当信息。

（2）使用审查工具。使用审查工具检测和减少潜在的问题。

问题 5：生成内容质量不稳定。

解决方案：

（1）多次尝试。如果一次生成内容质量不佳，可以多次尝试，选择最满意的内容。

（2）选择更适合的 AIGC 工具。不同的 AIGC 工具具有不同的生成能力，可以尝试不同的 AIGC 工具，以找到最适合的一个。

总的来说，与 AIGC 工具的使用相比，审查和调整生成内容至关重要，可以确保满足标准和需求。同时，要有效地使用 AI 提示词和参数来引导 AIGC 工具生成内容，以获得更满意的内容。

2.3.2　使用 AI 提示词的注意事项与优化建议

在使用 AI 提示词时，以下注意事项和优化建议有助于获得更好的生成内容。

1. 注意事项

（1）AI 提示词要明确。AI 提示词应该尽可能明确和清晰，以确保 AIGC 工具了解用户的意图。要使用具体的关键词或短语，而不是模糊的或宽泛的词汇。

（2）提供上下文。在 AI 提示词中提供必要的上下文信息，以帮助 AIGC 工具更好地理解问题，包括相关信息、关键背景、相关细节等。

（3）避免双关语和歧义。避免使用容易引起歧义的 AI 提示词，因为 AIGC 工具会根据不同解释生成内容。

（4）谨慎使用敏感信息。避免在 AI 提示词中使用敏感信息或个人信息，以保护隐私安全。

（5）多次尝试和审查。生成内容可能需要多次尝试和审查，以确保满足要求并不包含错误或不适当信息。

2. 优化建议

（1）组合多个 AI 提示词。有时，使用多个 AI 提示词可以帮助 AIGC 工具更好地理解问题，特别是需要引导 AIGC 工具生成复杂的内容时。

（2）审查和编辑。生成内容需要经过审查和编辑，删除不需要的部分，修改不准确的信息，以确保质量和准确性。

（3）尝试不同的 AIGC 工具。不同的 AIGC 工具具有不同的能力和特点。如果一个 AIGC 工具不能满足需求，可以尝试其他 AIGC 工具，以找到最合适的一个。

（4）测试和反馈。在使用 AIGC 工具时，需要不断测试不同的 AI 提示词和参数组合，并提供反馈，以帮助改善生成内容的质量和效果。

第3章

AIGC与文本内容

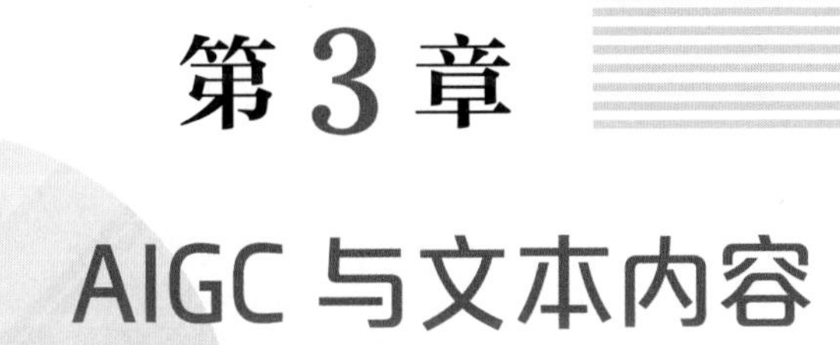

3.1 AIGC 在文本处理中的应用

3.1.1 用 AIGC 工具生成公文文本

AIGC 工具可以根据用户提供的信息与要求，自动生成符合语法和语义规则的公文文本，从而提高公文文本写作的效率和水平。

【案例 3-1】用 AIGC 工具生成公文文本

【用户提问】

某开发区配合全国人口普查，请帮助开发区工作人员生成一份某开发区区域人口普查通知。

【文心一言回答】

某开发区区域人口普查通知

亲爱的居民：

根据国家统计局和开发区管委会的指示，我们开发区将进行一次全面的人口普查。这项普查将帮助我们更好地了解本地区的人口状况，为未来的社会和经济发展提供准确的数据支持。

以下是您需要知道的重要信息：

1. 普查时间：从 ×××× 年 ×× 月 ×× 日开始，预计持续到 ×× 月 ×× 日。

2. 普查对象：开发区内的所有居民，包括但不限于公民、暂住人口、流动人口等。

3. 普查内容：主要包括您的姓名、身份证号码、性别、年龄、学历、工作、收入等个人信息。请您放心，所有信息都将严格保密，并仅用于统计和研究。

4. 参与方式：您可以通过开发区管委会的网站、电话热线或现场登记的方式参与普查。具体方式将在稍后的通知中公布。

5. 重要提示：根据《中华人民共和国统计法》，每一位居民都有义务配合国家的人口普查工作。如果您在规定时间内未能配合完成普查，可能会面临法律责任。

我们希望您能积极参与这次人口普查，为开发区的未来发展贡献力量。如果您有任何疑问或需要帮助，请随时联系我们。谢谢您的理解和配合！

开发区管委会

××××年××月××日

（以上内容由文心一言生成，未改动）

文心一言根据用户给出的详细信息与明确问题，生成了一份通知。除此之外，文心一言还在通知中，添加了“参与方式”和“重要提示”，丰富了通知的内容。

【操作提示】

用户用 AIGC 工具生成公文文本，可以通过选择合适的工具、输入清晰明确的指令、调整参数和设置等方式获取更好的回答。

1. 选择合适的工具

用户在选择 AIGC 工具时，除常规的 AIGC 工具外，还可以选择以下公文文本生成的专用工具。

（1）智能公文生成器。智能公文生成器可以根据输入的关键词或主题自动生成公文文本，还可以选择不同的公文类型和语言风格。

（2）公文写作助手。公文写作助手集成了大量公文模板和范文，用户可以选择合适的模板进行修改和调整。

2. 输入清晰明确的指令

用户用 AIGC 工具生成公文文本，需要输入明确的指令，包括所需公文的类型、格式、内容等信息。以下是具体的提问示例。

【用户提问】

请帮我写一份关于公共安全问题的函，内容包括对问题的分析、解决方案和呼吁相关部门合作。

【用户提问】

请生成一份通知，宣布下周二的会议时间和地点，并提醒相关部门做好准备。

3. 调整参数和设置

用户可以根据实际需求对公文文本的参数和设置进行调整，如语言、格式、字体等，以生成更符合要求的公文文本。以下是具体的提问示例。

【用户提问】

请在公文开头添加标题，并将标题样式设置为加粗和居中。

【用户提问】

请写一份关于会议召开时间的通知，要求字体设置为宋体，字号为 14，行距为 1.5 倍。

3.1.2 用 AIGC 工具生成新闻文本

AIGC 工具可以辅助用户快速生成各种类型的新闻文本，如新闻报道稿、新闻访谈稿等，不仅可以提高用户的写作效率，也有助于提升新闻文本的可读性与准确性。

【案例 3-2】用 AIGC 工具生成采访提纲

【用户提问】

“双十一”刚刚结束，×× 财经类媒体记者小郑要对 ×× 电子商务平台运营总监进行访谈，请辅助生成一份详尽的采访提纲。

【讯飞星火认知大模型回答】

一、双 11 活动概述

1. 请简要介绍一下今年双 11 的整体情况，包括销售额、订单量等关键数据。
2. 与去年相比，今年双 11 有哪些亮点和创新之处？
3. 请谈谈今年双 11 的主要竞争对手和市场表现。

二、营销策略与活动策划

1. 请介绍一下今年双 11 的营销策略和活动策划。

2. 针对不同消费者群体，平台采取了哪些差异化的营销手段？

3. 请谈谈今年双11在直播、短视频等新兴领域的布局和表现。

4. 请分享一下今年双11在品牌合作、跨界营销等方面的案例。

三、供应链与物流保障

1. 请介绍一下今年双11在供应链管理和物流方面的优化措施。

2. 针对双11期间的订单高峰，平台如何确保商品供应和物流配送的顺畅？

3. 请谈谈今年双11在绿色包装、节能减排等方面的实践和成果。

四、用户体验与服务质量

1. 请介绍一下今年双11在提升用户体验方面的举措。

2. 针对双11期间可能出现的售后问题，平台有哪些应对措施？

3. 请谈谈今年双11在售后服务、退换货政策等方面的改进和优化。

五、技术创新与平台升级

1. 请介绍一下今年双11在技术创新和平台升级方面的投入和成果。

2. 针对未来电商发展趋势，平台有哪些战略规划和布局？

3. 请谈谈今年双11在人工智能、大数据等技术应用方面的实践和探索。

六、社会责任与公益活动

1. 请介绍一下今年双11期间平台参与的社会责任和公益活动。

2. 针对双11期间可能出现的消费纠纷，平台有哪些解决方案和建议？

3. 请谈谈今年双11在扶贫、环保等方面的贡献和成果。

（以上内容由讯飞星火认知大模型生成，未改动）

【工具选择】

除上述AIGC工具以外，用户还可以选用其他AIGC工具，如360智脑、通义千问等。

1. 360智脑

360智脑可以自动对大量文本进行解析和归纳，生成符合语法和语义规则的新闻文本。其优势在于能够快速、准确地从大量数据中提取有用的信息，并生成结构化、可读性强的新闻文本。

2. 通义千问

通义千问能够从多个来源聚合信息，并整合成完整的新闻报道，有助于生成的新闻文本包括多方面的新闻背景和细节。除此之外，它还可以回答与新闻事件相关的各种问题，帮助用户撰写不同类型的新闻文本。

3.1.3 用AIGC工具生成调研报告

AIGC工具可以利用机器学习算法对大量数据进行分类、聚类和关联规则分析，以发现数据的规律和趋势，再根据最终结果帮助用户生成调研报告。

【案例3–3】用AIGC工具生成投资调研报告

【用户提问】

某大型食品加工企业要在北方某县级城市S市的开发区投资10亿元建设一个大型肉联厂及相关配套设施，主要做冷鲜肉和火腿肠加工，辐射京津冀区域乃至华北、东北市场。假设你是该企业第三方投资咨询公司的工作人员，请你在深入调研S市的投资环境、营商环境的基础上，生成投资调研报告。

【通义千问回答】

投资调研报告

一、投资环境分析

1. 区位优势：S市地处北方，交通便利，可以辐射到京津冀地区以及华北、东北市场，有利于降低物流成本。

2. 市场潜力：冷鲜肉和火腿肠在中国市场的消费需求大，市场前景广阔。

3. 资源供应：需要考察S市是否有充足的肉类原材料供应，是否能够满足工厂的生产需求。

4. 基础设施：需要了解S市的水电气供应情况，能否满足大型肉联厂的生产需求。

二、营商环境分析

1. 政策支持：需要了解S市政府对于大型投资项目的支持政策，例如税收优惠、土地使用等。

2. 法律法规：需要了解当地的环保法规，肉联厂在运营过程中会产生废水废气等污染物，需要符合当地环保法规的要求。

3. 劳动力市场：需要了解当地的劳动力供应情况，包括数量、质量、工资水平等。

4. 商业环境：需要了解当地的商业环境，包括供应链、物流、金融服务等。

三、结论与建议

根据上述分析，S 市具有一定的投资价值，但还需要进一步收集更详细的数据进行深入分析。建议小李继续深入了解 S 市的各项指标，以便更好地评估这个项目的可行性。

（以上内容由通义千问生成，未改动）

通义千问给出了一份投资调研报告的框架，包括投资环境分析、营商环境分析、结论与建议等。

【文心一言回答】

投资调研报告

一、概述

本次调研旨在深入了解 S 市的投资环境和营商环境，为大型食品加工企业在该市开发区投资 10 亿元建设大型肉联厂及相关配套提供全面的分析和评估。经过对 S 市的市场环境、政策环境、人才资源、基础设施等方面的调研和分析，我们认为 S 市具有良好的投资潜力和营商环境，为企业的投资和发展提供了良好的机遇。

二、市场环境

S 市位于北方某县级城市，人口密集，消费市场潜力巨大。近年来，随着经济的发展和居民生活水平的提高，人们对食品的需求也逐渐转向多元化和品质化。冷鲜肉和火腿肠等肉制品市场在当地拥有广泛的市场前景。此外，S 市周边地区的市场潜力同样巨大，为企业的市场拓展提供了广阔的空间。

三、政策环境

S 市政府高度重视招商引资工作，为企业提供了优惠的投资政策。在税收、土地、人才等方面给予了企业充分的支持。此外，S 市政府还为企业提供了便捷的服务和高效的审批流程，有利于企业在短时间内实现投资落地和生产经营。

四、人才资源

S 市周边有多所高等院校和职业教育学院，为企业的招聘和培训提供了丰富的人才资源。企业可以通过与当地高校的合作，引进高素质的人才，提高企业的核心竞争力。

五、基础设施

S 市开发区的基础设施完善，交通便利，为企业提供了便利的生产和运输条件。同时，开发区还为企业提供了齐全的配套设施，如职工宿舍、食堂等，方便员工的生活和工作。

六、结论和建议

综合以上调研结果，我们认为S市具有较好的投资环境和营商环境，为企业的发展提供了良好的机遇。建议企业在投资前进一步了解当地的法规和规定，加强与当地政府的沟通合作，确保项目的顺利推进和实施。此外，建议企业在后期运营过程中注重环保和可持续发展，积极履行社会责任，提升企业的社会形象和品牌价值。

（以上内容由文心一言生成，未改动）

文心一言生成的投资调研报告，包括了概述、市场环境、政策环境、人才资源、基础设施、结论和建议等主要部分，框架更加严谨，内容也比较丰富。

【工具选择】

通过对以上两款AIGC工具生成的回答进行对比可以看出，虽然两者都给出了回答，但是文心一言的回答更为充实、详细，论述也更加详尽。

通义千问和文心一言在生成调研报告方面优势不同。在选择AIGC工具生成调研报告时，都需要提供调研数据和信息，明确具体的需求、目标以及所需调研报告的类型。

如果用户需要快速生成一份较为简单的、基础性的调研报告，可以选择通义千问，因为它的概括能力和总结能力比较强。如果用户需要生成一份详细的、有针对性的调研报告，可以选择文心一言，因为它的数据处理能力和分析能力比较强。

3.1.4 用AIGC工具进行文学创作

AIGC工具不仅具有强大的数据收集和分析能力，还具有强大的自然语言处理和文本生成能力。用户可以用AIGC工具进行文学创作，包括故事创作、诗歌创作、小说创作、剧本创作等。

【案例3-4】用AIGC工具进行散文创作

【用户提问】

结合秋天的季节特点，创作一篇以“秋思”为主题的散文，要体现秋天带给人的思考和感悟，内容可以适当描绘秋天的不同景色，如落叶、秋风、秋雨等。

【360 智脑回答】

题目：秋思

在一个深秋的午后，我走在一条蜿蜒曲折的小路上，路两旁的树叶纷纷扬扬地飘落，仿佛是一场落叶的盛宴。秋风轻拂，带来了丝丝凉意，也带来了对远方的思念。

秋天的景色总是让人感到一种深深的哀愁，这种哀愁源于对逝去的时光的怀念，也源于对生命短暂的感慨。当看到一片片落叶从树上飘落，我总会思考人生的意义和价值。我们如同这些落叶一般，短暂的生命中经历了无数次的荣辱得失，但最终都会归于尘土。

秋雨绵绵，它带走了夏季的炎热，也带走了我们对过去的怀念。在雨中，我常常思考人生的真谛。我们是否应该抓住过去的时光不放，还是应该勇敢地面对未来的挑战？

……

在秋天的季节里，我们需要思考人生的意义和价值，珍惜每一个瞬间，勇敢地面对未来的挑战。只有这样，我们才能在生命中找到真正的意义和价值。

（以上内容由 360 智脑生成，有删减）

360 智脑根据用户的要求生成一篇具有感情色彩，并且带有落叶、秋风、秋雨等因素的散文，但是内容比较简单，文学色彩比较淡，用户可以继续向其追问，以获得更好的回答。

【用户提问】

上述生成的散文体现的思考有点消极，能否补充体现秋天积极向上的思考与感悟，除此之外，内容的文学色彩比较淡，整体比较简单，能否再强化一下文学色彩？

【360 智脑回答】

当然可以，以下是我为你修改的散文，希望更符合你的要求：

秋思

深秋午后，我漫步在曲折的小径上，感受着秋天的韵味。金黄的落叶在阳光下翩翩起舞，仿佛在诉说着一段关于生命的哲理。秋风轻拂，带来了丝丝凉意，也带来了对远方的思念。

秋天的景色总是让人感到一种深深的哀愁，这种哀愁源于对逝去的时光的怀念，也源于对生命短暂的感慨。然而，在这哀愁之中，我发现了秋天的另一面——那是对生命的敬畏和感悟。当看到一片片落叶从树上飘落，我明白了生命的轮回和自然的规律。我们如同这些落叶一般，短暂的生命中经历了无数次的荣辱得失，但最终都会归于尘土。然而，正是这短暂的生命旅程，让我们学会了珍惜、学会了感恩。

秋雨绵绵，它带走了夏季的炎热，也带走了我们对过去的怀念。在雨中，我思考着人生的真谛。我们是否应该抓住过去的时光不放，还是应该勇敢地面对未来的挑战？秋天是一个告别的季节，但也是一个重新开始的季节。我们在这个季节里收获了果实，也收获了经验和智慧。我们要学会珍惜当下、拥抱未来。

……

秋天的景色总是让人感到一种深深的孤独，这种孤独源于对远方的思念，也源于对生命中逝去的时光的怀念。但正是这种孤独让我们更加珍惜生命中的每一个瞬间，更加坚定地走向未来。我们要学会在孤独中寻找力量和勇气，以迎接未来的挑战。

……

（以上内容由 360 智脑生成，有删减）

360 智脑根据用户追问的要求，继续对第一篇散文进行补充，增加了文学色彩与积极向上的思考感悟，使散文更加符合用户的要求。

【操作提示】

1. 明确创作需求和主题

用 AIGC 工具进行文学创作之前，需要明确创作需求和主题。这有助于为 AIGC 工具提供明确的方向和指导，从而生成更符合要求的内容。以下是具体的提问示例。

【用户提问】

对于爱情主题的短篇小说，能否提供一些有创意的情节和角色建议？

【用户提问】

我想写一篇关于人工智能与人类关系的科幻小说，能否帮助我构思一个新颖

的故事情节？

【用户提问】

对于历史题材的文学创作，如何确保故事准确地传达历史事件的真相并保持趣味性？

2. 提供足够的数据和背景信息

AIGC工具需要足够的数据和背景信息进行文学创作。用户需要提供相关的数据和背景信息，如历史背景、文化背景、人物设定等，以帮助AIGC工具进行更为准确和生动的文学创作。以下是具体的提问示例。

【用户提问】

在我提供信息的基础上，请为我构思一个新颖的古希腊神话故事情节。

【用户提问】

在描述古希腊神话的战斗场景时，你有什么建议或技巧可以帮助我更好地描绘战斗氛围和动作？

【用户提问】

如何在我的故事中巧妙地融入第二次世界大战的历史事件和人物，使故事更具真实感和深度？

3. 调整参数和设置

AIGC工具通常具有一些可调整的参数和设置，如生成内容的长度、风格、语言等。用户可以根据自己的需求和喜好调整参数和设置，以获得更符合自己期望的内容。以下是具体的提问示例。

【用户提问】

在进行短篇小说创作的过程中，如何调整生成内容的长度和风格，以满足我的需求？

【用户提问】

能否提供一些选项，让我在创作诗歌时选择不同的韵律和格式？

【用户提问】

对于对话场景，能否增加一些情感标签或语气词，使对话更自然流畅？

3.1.5 用 AIGC 工具进行文本翻译

AIGC 工具是一种基于人工智能技术的计算机程序，可以进行文本翻译。它能够将一种语言的文本转换为另一种语言的文本，从而帮助用户克服语言障碍。

【案例 3-5】用 AIGC 工具进行文本翻译

背景：上传一本英文图书 *People*，*Power*，*and Profits*：*Progressive Capitalism for an Age of Discontent*（《美国真相》）的目录。

【用户提问】

你能帮我把这本书的目录的前三章翻译成中文吗？

【ChatGPT 回答】

前言
第一部分　迷途
第 1 章　概述 /2
国富论 /7
敌对者的反扑 /13
……
第 2 章　经济发展走向低速 /32
增速放缓 /35
日益严重的不平等现象 /37
结论 /45
……
第 3 章　剥削与市场势力 /47
整体概况 /49

如何解释市场势力和利润的增长 /55

……

（以上内容由 ChatGPT 生成，有删减）

ChatGPT 对用户提供的英文书籍目录进行了翻译，翻译内容比较完整，准确性也比较高。

背景：上传一本中文图书《企业内部控制实施细则手册》的目录。

【用户提问】

我打算将这本书译成英文出版，你能将这本书的目录翻译成英文吗？

【ChatGPT 回答】

Table of Contents

Chapter 1 Internal Control Implementation Rules—Organizational Structure

1.1 Management Objectives of Organizational Structure

1.1.1 Design Objectives of Organizational Structure

1.1.2 Operating Objectives of Organizational Structure

1.2 Business Risks of Organizational Structure

1.2.1 Design Risks of Organizational Structure

1.2.2 Operating Risks of Organizational Structure

1.3 Control Processes of Organizational Structure

……

（以上内容由 ChatGPT 生成，有删减）

【工具选择】

使用 AIGC 工具进行文本翻译，可以大幅提升用户的效率，节约用户的时间。用户除了使用 ChatGPT 以外，还可以选择以下 AIGC 工具进行文本翻译。

1. Google Translate

Google Translate 是谷歌公司开发的一款翻译工具，使用机器翻译技术实现文本翻译。它的优点是翻译的准确度高、速度快，并且可以进行多种语言的翻译。此外，Google Translate 还提供了实时翻译功能，可以实时翻译对话或语音。

2. DeepL Translator

DeepL Translator（DeepL翻译器）是由德国公司DeepL GmbH开发的机器翻译工具。这家公司的产品包括深度学习翻译工具DeepL Translator和翻译平台DeepL Pro等。

DeepL Translator在推出后迅速获得了广泛关注和好评，被认为是目前最好的机器翻译工具之一。它基于神经网络技术，通过对大量语言数据的学习，可以准确地翻译多种语言文本。与其他机器翻译工具相比，DeepL Translator的翻译结果更为自然、流畅，并能够正确理解上下文，表达更加精准。

3.1.6 用AIGC工具生成论文摘要

用户在撰写论文时，可以用AIGC工具生成论文摘要，帮助用户快速、准确地概括论文的主要内容，提升用户的写作效率与写作质量。

【案例3-6】用AIGC工具生成论文摘要

背景：上传主题是“市场经济中政策的调控作用”的论文内容。

【用户提问】

小张最近在撰写毕业论文，主题是“市场经济中政策的调控作用”，他不知道如何编写论文的摘要，你能帮助他吗?

【文心一言回答】

当然可以。以下是一篇可能的摘要，供小张参考：

摘要：

本文旨在探讨市场经济中政策的调控作用。政策调控在市场经济中扮演着至关重要的角色，它可以在市场失灵时干预经济，促进资源的合理配置和经济的稳定发展。

本文首先介绍了政策调控的重要性和背景，然后分析了政策调控对市场经济的影响和机制。接着，本文使用文献回顾、实地调查和统计分析等方法，研究了政策调控对市场经济的具体影响。研究结果表明，政策调控可以有效地调节市场经济，改善市场失灵现象，提高资源配置效率，促进经济增长。最后，本文总结了研究结果，并阐述了政策调控对市场经济的意义和影响。

关键词：政策调控，市场经济，影响，资源配置，经济增长。

（以上内容由文心一言生成，有删减）

上述摘要清晰地表达了论文的主题和目的，即探讨市场经济中政策的调控作用，但是其中没有提及研究样本和数据来源，可能影响研究的代表性和可靠性，用户可继续向其追问。

【用户提问】

你能对上述摘要进行补充，介绍一下论文的研究样本和数据来源吗？

【文心一言回答】

当然可以。上述摘要可以补充以下内容来介绍研究样本和数据来源

摘要：

本文旨在探讨市场经济中政策的调控作用。政策调控在市场经济中扮演着至关重要的角色，它可以在市场失灵时干预经济，促进资源的合理配置和经济的稳定发展。

本文首先介绍了政策调控的重要性和背景，然后分析了政策调控对市场经济的影响和机制。接着，本文使用文献回顾、实地调查和统计分析等方法，研究了政策调控对市场经济的具体影响。研究样本包括过去十年内实施了政策调控的国家和地区，数据来源为各国和地区的官方统计数据、国际组织的报告以及相关学术研究。通过这些数据和分析，我们发现政策调控可以有效地调节市场经济，改善市场失灵现象，提高资源配置效率，促进经济增长。最后，本文总结了研究结果，并阐述了政策调控对市场经济的意义和影响。

关键词：政策调控，市场经济，影响，资源配置，经济增长。

（以上内容由文心一言生成，有删减）

上述追问后的回答详细阐述了政策调控对市场经济的意义和影响，同时补充了研究样本和数据来源。

【操作提示】

用 AIGC 工具生成论文摘要，可以从多角度、多层次向其提问，以获得更好的回答。以下是具体的提问示例。

1. 从研究主题与关键词角度

【用户提问】

我的论文主题是“市场经济中政策的调控作用”，在摘要中应该突出哪些关键词或短语？

【用户提问】

在描述研究主题时，如何在摘要中强调政策调控在市场经济中的重要性？

【用户提问】

我的论文关注的是政策调控对市场经济的影响，在摘要中应该如何概括这些影响？

2. 从读者群体角度

【用户提问】

我的目标读者是学术界的专业人士，如何编写一份论文摘要，使论文看起来专业性更强、更具有研究价值？

【用户提问】

我希望论文能够吸引大量的读者，而不只是专业人士。如何编写论文摘要，让一般读者也对研究主题感兴趣并理解其重要性？

【用户提问】

我的目标读者包括学术界的专业人士和其他对研究主题感兴趣的读者。如何编写论文摘要，以便让所有读者都能理解并关注研究的价值？

3.2 AIGC 在文案创作中的应用

3.2.1 用 AIGC 工具生成文案

AIGC 工具可以帮助用户生成各种类型的文案。用户只需向 AIGC 工具提供具体的信息，如关于文案的主题、内容、长度或其他相关细节等，接着向其不断进行提问与追问，就可以获得一篇相对满意的文案。

【案例 3-7】用 AIGC 工具生成宣传文案

【用户提问】

××县级市开发区最近制定了一系列招商引资政策，旨在促进本地经济发展。开发区办公室的工作人员小张需要据此写一篇关于招商引资政策的宣传文案，以增进外来投资者对政策的了解，你可以帮助小张吗？

【通义千问回答】

尊敬的投资者：

我们非常高兴向您介绍我们最新推出的招商引资政策。作为我们的投资者，您将享受到一系列优惠政策，以助您的业务发展。

首先，我们提供极具竞争力的土地使用权优惠。一旦您决定在这里设立业务，我们将为您提供优质且价格合理的工业用地，帮助您降低初期投入。

其次，我们将为您提供税收优惠。在一定期限内，我们将减免您的企业所得税和增值税，减轻您的财务压力。

再者，我们会为您的企业提供一站式服务。从公司注册、项目审批到员工招聘，我们都将为您提供全方位的服务，让您可以专心于业务的发展。

此外，我们还设有专项基金，用于支持高科技创新型企业和新兴产业发展。如果您有创新项目或新产品开发计划，欢迎申请我们的基金支持。

最后，我们承诺为所有投资者提供公平、公正、公开的经营环境。我们的目标是营造一个充满活力、鼓励竞争和创新的商业生态系统。

我们期待您的到来，一同创造美好的未来！如有任何问题，请随时与我们联系。

此致，
敬礼！
（以上内容由通义千问生成，未改动）

通义千问针对用户提出的关于招商引资政策的宣传问题，给出了一篇宣传文案，分别从五个方面撰写，要点概括得比较全面，且具有一定的宣传意义。

【操作提示】

用 AIGC 工具生成文案，需要提供足够的信息与细节，使 AIGC 工具能够更加了解用户的实际需求，以获得满意的文案。

1. 明确文案主题

用户需要明确要生成的文案主题，以及文案类型，如广告文案、宣传文案或其他类型的文案。明确的文案主题有助于 AIGC 工具理解用户需求，从而生成满意的文案。以下是具体的提问示例。

【用户提问】

请帮我生成一篇宣传文案，旨在介绍我们新推出的产品，吸引潜在客户。

【用户提问】

请生成一段宣传语，强调我们的品牌价值和服务承诺。

【用户提问】

请生成一篇广告文案，强调我们即将推出的特价促销活动，以吸引更多客户。

2. 指定关键信息

如果用户希望文案包含特定的信息或数据，应在提问过程中明确指定这些信息。以下是具体的提问示例。

【用户提问】

能否生成一份产品说明，包括产品名称、特性、规格和售价？

【用户提问】

我需要一篇宣传文案，宣传我们的促销活动，包括时间、地点和优惠细节等信息。

【用户提问】

能否生成一篇广告文案，包括产品名称、独特卖点、价格和购买方式？

3.2.2 用 AIGC 工具优化文案

除了可以用 AIGC 工具生成文案以外，还可以用 AIGC 工具优化文案。

【案例 3-8】用 AIGC 工具优化文案

背景：上传一篇宣传文案，标题是“肌肤之秘，完美粉底的演绎……”。

【用户提问】

请帮我优化宣传文案，使其强调“×× 彩风采”粉底液的护肤功能，并增加一些用户见证或案例，以加强产品的可信度。

【ChatGPT 回答】

标题：时尚之选，护肤与美肤的完美融合

尊敬的美丽爱好者们，

“×× 彩风采”粉底液，不仅是一款妆容的秘密，更是您肌肤的挚友，为您带来健康、自然的美。

×× 彩风采，护肤之选：

精致底妆，滋养肌肤：我们的粉底液不仅提供完美的遮瑕和持妆效果，还注入珍贵的护肤成分。每次使用都是一次肌肤的呵护，滋润和改善您的肌肤质感。

……

用户见证：

小梅：“用了一周后，我的皮肤变得更加明亮，遮盖了所有的瑕疵。我真的爱上了这款粉底液！”

丽娜：“从不喜欢化妆，但‘×× 彩风采’让我重新思考了。它既轻盈又护肤，现在我每天都愿意化妆了！”

……

联系方式：

官方网站：www.××××.com

客户服务热线：××××××××××

美丽的秘密，只有您知道。

（以上内容由ChatGPT生成，有删减）

在上述回答中，ChatGPT根据用户的要求，对宣传文案进行了优化，强调了产品的功能，并增加了“用户见证”的部分，使这篇宣传文案更具有可信度。

【操作提示】

1. 制定优化目标

用户在提问时，可以先明确自己希望在哪些方面对文案进行优化，包括提高吸引力、增强表达力、提高可信度等方面。以下是具体的提问示例。

【用户提问】

请帮我优化这篇广告文案，使其更具吸引力，能够吸引更多的潜在客户。

【用户提问】

我需要增强这篇宣传文案的表达力，以吸引更多客户，你可以帮助我吗?

【用户提问】

如何使这份产品说明更加清晰，以便客户了解我们的产品特性?

2. 指定关键词或短语

用户如果对文案有特定的风格要求，或者希望文案可以包括指定的关键词或短语，可以在提问中明确指出。以下是具体的提问示例。

【用户提问】

请在文案中包括关键词“可持续性”和“环保”，以突出产品特性。

【用户提问】

我想在公司的宣传文案中反复使用“未来”和“创新”两个词，以表达公司的愿景，你可以帮我修改文案吗?

【用户提问】

我希望这篇产品宣传文案有幽默感，但不失专业性，能引起目标客户的共鸣，你能按照我的要求进行优化吗?

3.3　AIGC 在方案设计中的应用

3.3.1　用 AIGC 工具设计方案

AIGC 工具可以辅助用户设计符合要求的方案，提高设计效率和设计质量。同时，AIGC 工具还可以对方案进行评估和优化，确保方案符合规范和要求。

【案例 3–9】用 AIGC 工具设计产品调研方案

【用户提问】

我想设计一份针对智能手表市场的产品调研方案，以了解消费者的需求、偏好和购买行为。你能帮我设计一份全面的产品调研方案吗?

【文心一言回答】

当然可以。以下是一个针对智能手表市场的产品调研方案，旨在了解消费者的需求、偏好和购买行为。

一、消费者需求调研

目标消费者群体：首先，需要确定目标消费者群体，例如年龄、性别、职业、收入等方面的特征。这将有助于更好地了解消费者的需求和痛点。

消费者需求和痛点：通过问卷调查、访谈等方式，了解消费者对智能手表的需求和痛点。例如，消费者可能希望智能手表具有更长的续航时间、更舒适的佩戴体验、更丰富的功能等。

……

二、消费者偏好调研

外观和材质偏好：收集消费者对智能手表的外观和材质的偏好。例如，消费者可能更喜欢圆形表盘、金属材质、皮革表带等。

……

三、消费者购买行为调研

购买动机和原因：通过问卷调查、访谈等方式，了解消费者购买智能手表的动机和原因。例如，消费者可能因为健康监测、运动记录等功能而购买智能手表。

……

四、结论和建议

根据上述调研结果，可以得出关于智能手表市场的消费者需求、偏好和购买行为的结论和建议。具体如下：

……

（以上内容由文心一言生成，有删减）

文心一言根据用户的提问，设计了一份针对智能手表市场的产品调研方案。调研方案中明确了对消费者需求、偏好、购买行为等的调研，内容比较详细完整。

【ChatGPT 回答】

当制定一个全面的产品调研方案以了解智能手表市场的消费者需求、偏好和购买行为时，以下是一个可能的方案大纲：

产品调研方案：智能手表市场

1. 背景和目标：

简要介绍智能手表市场的当前状况和竞争格局。

……

2. 研究方法：

定性研究：采用焦点小组讨论、深度访谈等方法，以探索消费者态度、看法和需求。

……

3. 样本选择：

随机抽样：从不同地理位置和年龄组别的消费者中抽取样本，以确保代表性。

……

4. 调研内容：

a. 消费者需求和期望：

了解他们为何考虑购买智能手表。

探讨他们希望从智能手表中获得的功能和特性。

……

（以上内容由 ChatGPT 生成，有删减）

ChatGPT 设计的方案从背景和目标、研究方法、样本选择、调研内容等方面给出了一个比较全面的框架，可以更好地帮助用户进行产品调研。

【工具选择】

通过对以上两款 AIGC 工具设计的产品调研方案进行对比，两份调研方案的角度和侧重的方面不同。文心一言侧重于调研消费者的各个方面，如消费者偏好、消费者需求等。ChatGPT 的方案更加具有针对性，侧重于调研内容的细节和具体建议。用户可以根据具体需求和资源可用性选择方案。在方案设计方面，如果用户需要一份针对性强、细节和建议都比较详细的方案，可以选择使用 ChatGPT。如果用户需要一份突出研究方法和时间规划的方案，可以选择使用文心一言。

3.3.2 用 AIGC 工具选择方案

用户在无法确定哪份方案更优或者更适合自己的情况下，可以用 AIGC 工具选择方案。AIGC 工具可以自动筛选与用户需求相关的信息，并将这些信息整理成易于理解的列表，帮助用户快速了解各个方案的特点和优劣。

【案例 3–10】用 AIGC 工具选择方案

背景：上传“案例 3–9”中的两份针对智能手表市场的产品调研方案。文心一言的方案简称“方案一”，ChatGPT 的方案简称“方案二”。

【用户提问】

我是一家智能手表公司的市场研究员，我们计划开展一项产品调研以了解消费者的需求、偏好和购买行为。现在有两份产品调研方案，我的目标是选择最适合项目的方案。

请帮我比较两份方案，重点考虑它们的方法、内容、可行性和实际可执行性，以及在满足研究目标和公司需求方面的优势和劣势。我需要详细的比较和评估，以便做出决策。

【ChatGPT回答】

根据您的要求，我将比较上述两个产品调研方案，重点考虑它们的方法、内容、可行性和实际可执行性，以及它们在满足研究目标和公司需求方面的优势和劣势。

方案一：

方法：

组合了定性研究和定量研究，包括深度访谈、焦点小组和在线问卷调查，提供了多角度的数据。

……

内容：

详细列出了消费者需求、偏好、购买行为、市场趋势和竞争分析的内容，提供了全面的信息。

……

方案二：

方法：

提到了采用多种研究方法，包括在线调查、焦点小组和深度访谈，提供了多样性。

……

内容：

着重于消费者需求、购买动机和原因、功能和价格考虑因素的内容。

……

可行性和实际可执行性：

提到了制定时间表和预算，有更明确的规划。

……

比较和评估：

第一个方案提供了更详细和全面的研究内容，包括市场趋势、竞争分析和具体建议，但可能需要更多的资源和时间来执行。

第二个方案更为简洁，可能更容易实施，但内容相对概括，未明确提到未来

发展趋势。

综合考虑，您可以选择第一个方案，如果您有足够的资源和时间来执行，因为它提供了更全面的信息和具体建议，这对于满足研究目标和公司需求可能更有帮助。如果资源有限，第二个方案也是一个可行的选择，但需要进一步细化和详细规划以确保其实际可执行性。

（以上内容由 ChatGPT 生成，有删减）

ChatGPT 对方案一和方案二从方法、内容、可行性和实际可执行性等方面进行了比较和评估，并给出了参考意见。

【操作提示】

用 AIGC 工具选择方案，应先提供要选择的方案，然后提问。

1. 明确关注点

用户在提问时，应明确关注点，如成本、效能、可行性和可执行性等，以便 AIGC 工具能够快速理解问题，从而做出选择。以下是具体的提问示例。

【用户提问】

我需要从两份市场推广方案中选择一份，主要关注点是市场覆盖范围和潜在客户群。请帮我比较两份方案在这些关注点上的优势和劣势。

【用户提问】

我正考虑从两份不同的项目管理方案中选择一份，我的主要关注点是易用性和团队协作效能。你可以帮我比较两份方案在这些方面的差异吗?

【用户提问】

我有两份招聘方案，我的关注点是成本和效率。根据这些关注点，你能帮我选择合适的方案吗?

2. 提供上下文信息

用户可以向 AIGC 工具描述有关方案的背景信息或上下文信息，这有助于其针对具体信息做出选择。以下是具体的提问示例。

【用户提问】

我正在考虑两份市场推广方案：方案A和方案B。方案A侧重于在线广告，方案B侧重于社交媒体。我们的产品是一款高端电子产品，主要面向年轻人和科技爱好者。市场竞争激烈，我们希望提高品牌的知名度并吸引更多的潜在客户。

基于这些信息，你可以帮我选择一份更适合我们产品的方案吗?

【用户提问】

我正在考虑两份招聘方案：方案A和方案B。我们是一家中小型企业，目前正在快速增长，需招聘新员工以满足市场需求。我们需要高素质的人才，但也需要快速填补职位空缺。

方案A提供广泛的招聘渠道，而方案B专注于高级职位招聘。根据这些信息，你可以帮我选择一份更适合我们的招聘方案吗?

【用户提问】

我们是一家小型创业公司，拥有一个跨地域的分散团队。我们的项目有软件开发、市场推广、客户支持等各种类型。我们的主要目标是提高团队协作效率和项目可视化程度。

根据这些情况，你能帮我选择一份更适合我们的项目管理方案吗?

第4章 AIGC 与绘画生成

4.1 AIGC 在绘画中的应用

4.1.1 用 AIGC 工具进行图像生成

随着人工智能技术的快速发展，出现了越来越多的 AIGC 工具，其中许多 AIGC 工具都可以进行图像生成，即 AI 绘画。

【案例 4–1】用 AIGC 工具生成具有未来感的城市宣传图

下面演示用文心一格生成具有未来感的城市宣传图。

步骤 1：打开工具，选择想要生成的图像类型。

打开文心一格，进入“AI 创作”模块，选择“海报”模式，如图 4–1 所示。

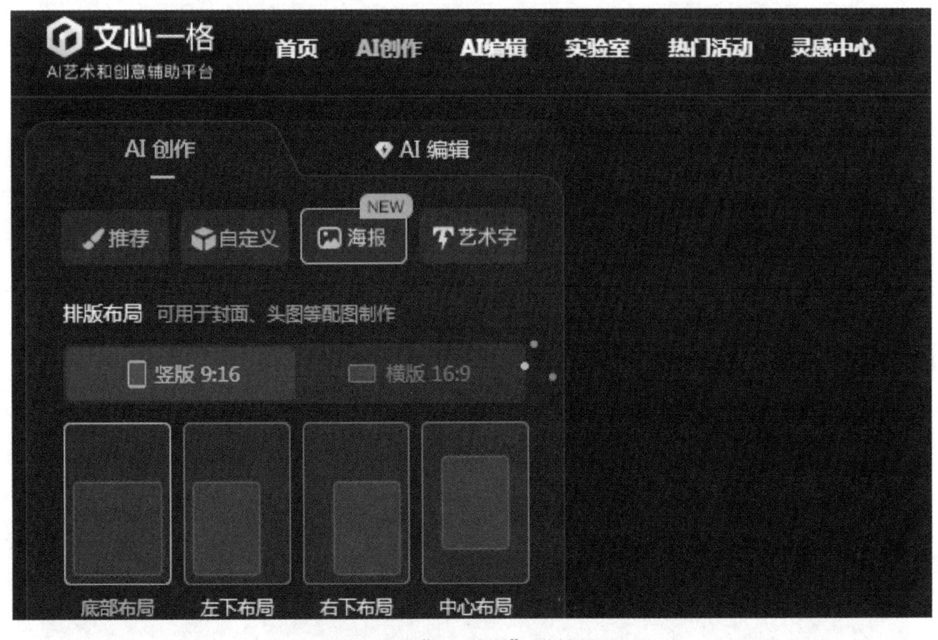

图 4–1 “AI 创作”模块界面

步骤 2：按照提示对海报参数进行设置。

根据提示，分别设置“排版布局”“海报风格”“海报主体”“海报背景”等内容。“排版布局”选择“横版 16∶9”，“海报风格”选择“平面插画”，在“海报主体”处输入“俯瞰整个城市的建筑，大数据代码数字，智慧城市全景”，在“海报背景”处输入“赛博朋克电影，超广角城市，未来城市”，如图 4–2～图 4–4 所示。

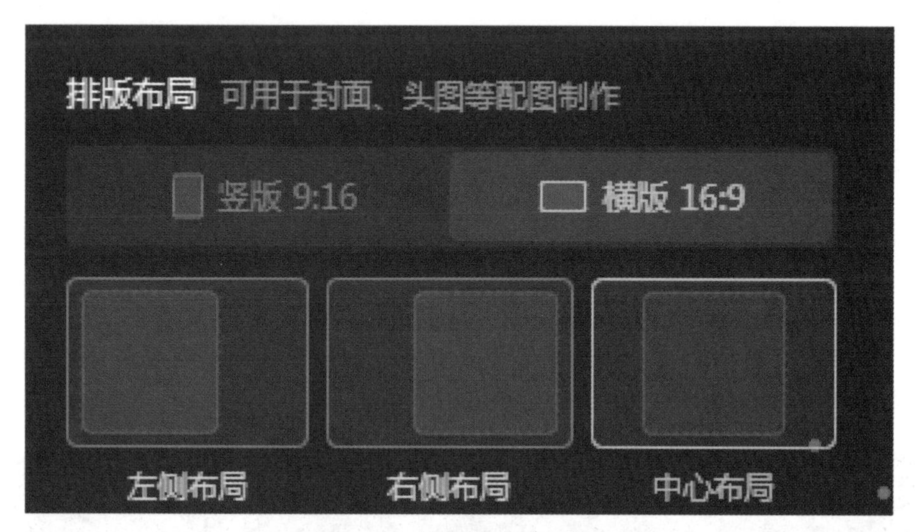

图 4–2 “排版布局”设置

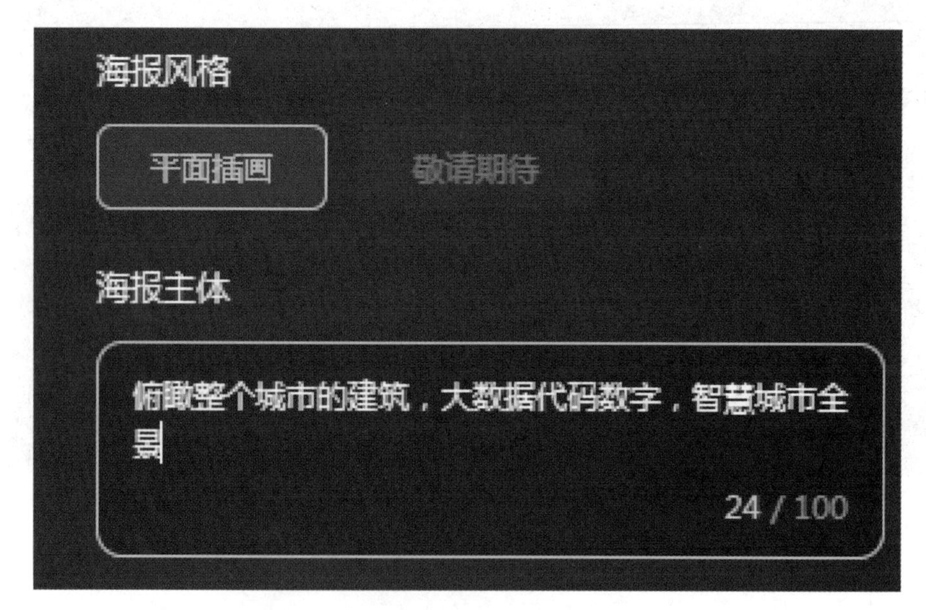

图 4–3 “海报风格”与“海报主体”设置

图 4-4 “海报背景”设置

步骤 3：单击“立即生成”按钮，得到所需图。

全部设置完毕后，在页面上单击“立即生成”按钮。等待片刻，即可得到相应的城市宣传图，如图 4-5 所示。

图 4-5 生成图像效果图

文心一格生成了 4 张精美的城市宣传图，可以根据需要，选择合适的一张作为素材。

【操作提示】

在设置界面上有一个“数量”选项，最小为 1，最大为 9，如图 4-6 所示。

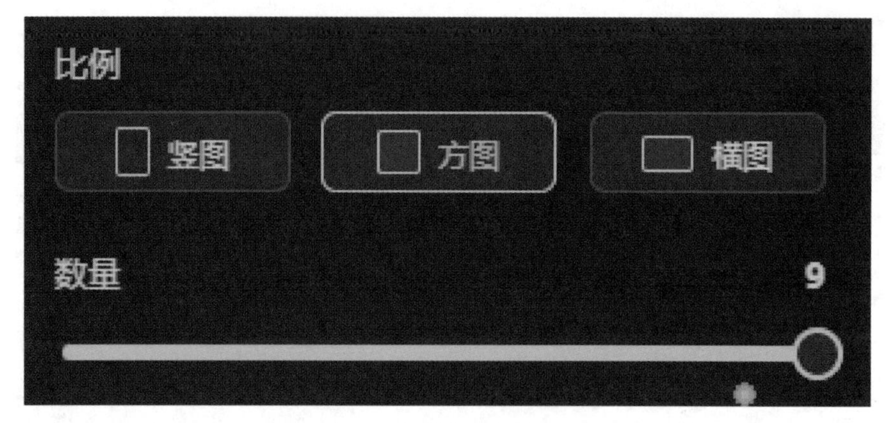

图 4-6 “数量”选项

其他 AIGC 工具也有类似的功能，使用的时候可按需设置。

【工具选择】

除文心一格外，还有以下 AIGC 工具可以进行图像生成。

1. Midjourney

Midjourney 是一款强大的 AIGC 工具，具有灵活性和易用性等特点。用户只需输入简短的文字描述或相关 AI 提示词，便可以将想象快速转化为现实。它不仅可以生成各种艺术风格的摄影、摄像作品，还可以作为创作灵感的参考来源，因此受到了许多设计师及艺术家的青睐。

2. DALL · E 2

DALL · E 2 是一款人工智能图像生成器，可以根据自然语言的文本描述创建图像和艺术形式，是一个根据文本生成图像的人工智能系统，其生成图像的质量取决于文本提示的具体性。

3. 腾讯智影

腾讯智影具备 AI 绘画的能力，利用深度学习算法和大量图像数据，可以帮助用户轻松地生成各类绘画作品。

4.1.2 用 AIGC 工具进行美学设计

在美学设计中，AIGC 工具能够提供极大的帮助。设计师可以利用 AIGC 工具（如

AI 绘画工具）实现自己的想法并展现在设计作品中。具体来说，AI 绘画工具可以协助设计师修改草图、为草图上色及扩展构思，极大地提高了设计效率和准确性。

【案例 4–2】用 AIGC 工具进行美学设计

下面演示用腾讯智影进行美学设计。

步骤 1：打开腾讯智影。

在浏览器中输入腾讯智影网址，打开腾讯智影，在主界面单击“AI 绘画”按钮，进入“AI 绘画”模块，如图 4–7 所示。

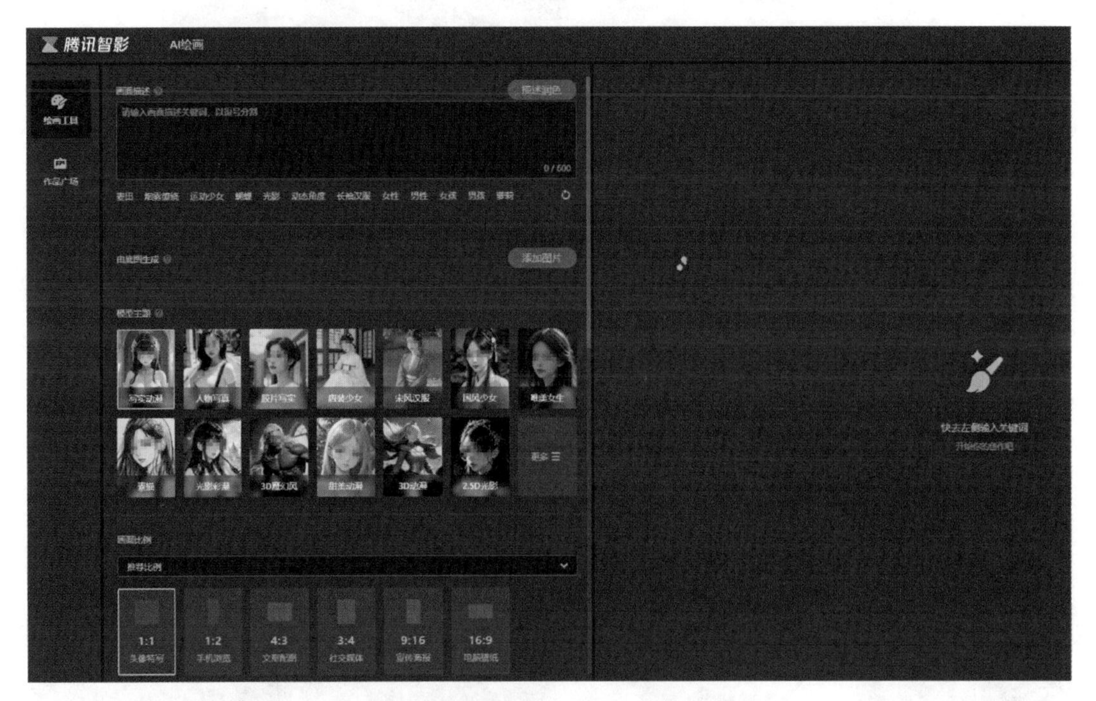

图 4–7 “AI 绘画”模块

步骤 2：上传底图，选择模型主题。

在“由底图生成”区域单击“添加图片”按钮。选择一张企业办公建筑俯视图，如图 4–8 所示。在“模型主题”处选择“建筑设计”主题，如图 4–9 所示。

步骤 3：优化细节，生成图像。

调整页面中“创意强度”“丰富强度”等参数，选择合适的画面比例与生成数量，单击“生成绘画”按钮，生成如图 4–10 所示的图像。

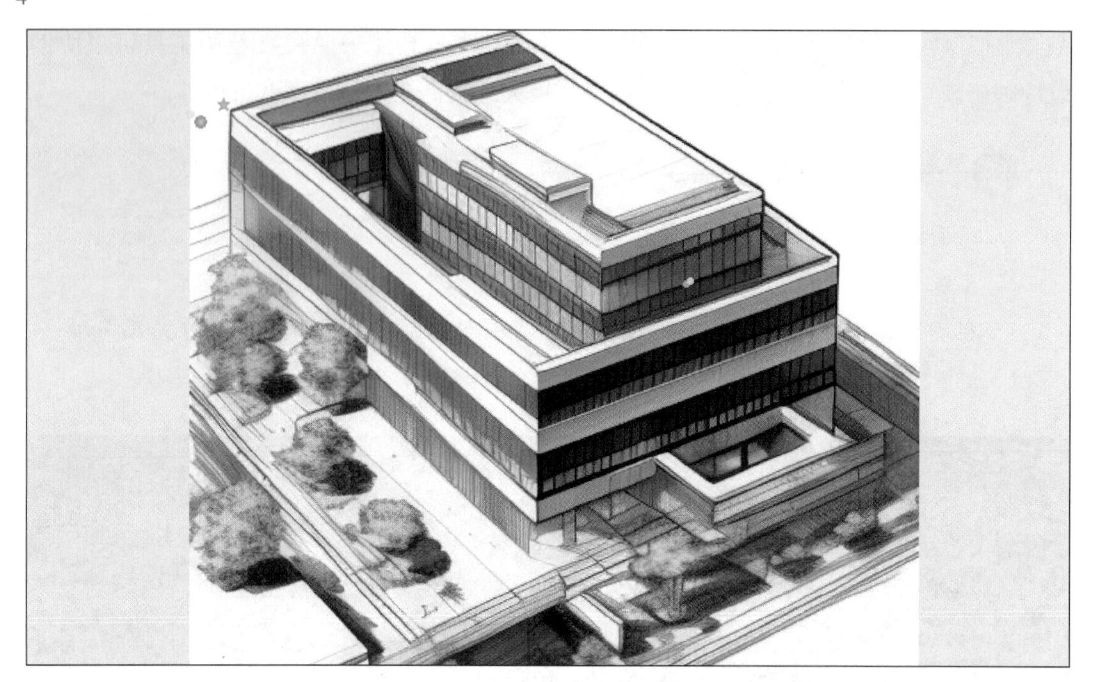

图 4-8　企业办公建筑俯视图

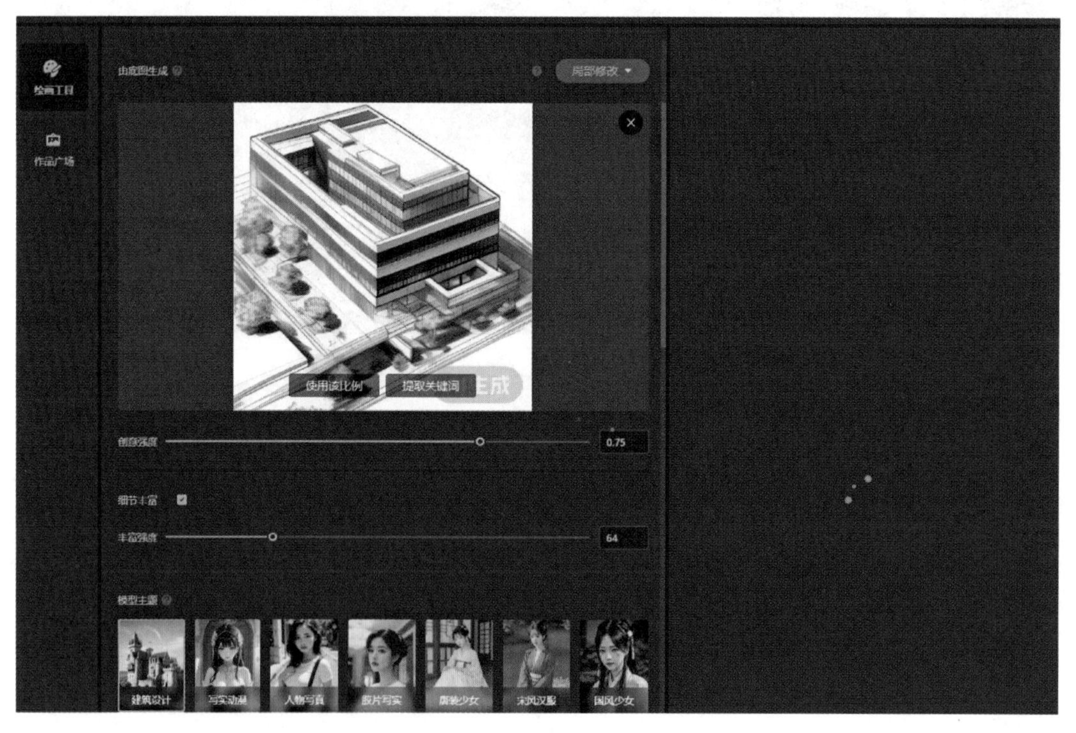

图 4-9　设置模型主题

图 4-10　企业办公建筑俯视图最终效果

【操作提示】

在“效果预设”一栏中，有光照效果、视角和镜头类型 3 个选项框，可以控制生成图像的细节，如图 4-11 所示。例如，可以选择“好看的灯光”“鸟瞰图”“虚幻引擎”选项。由于要生成建筑类的图像，所以还可以选择“建筑渲染”选项。

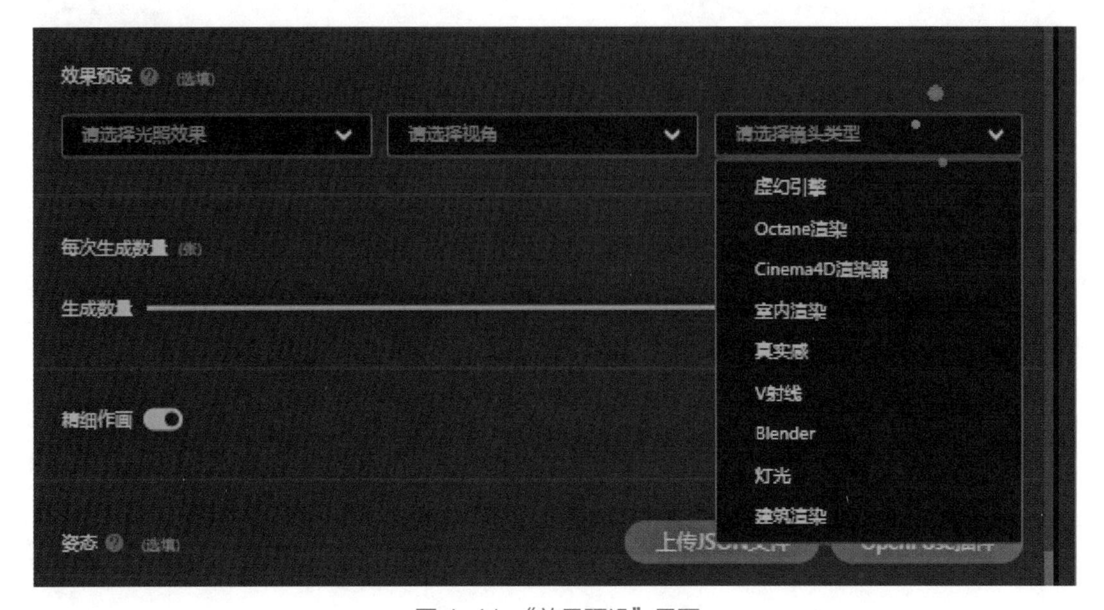

图 4-11　“效果预设”界面

4.1.3 用 AIGC 工具进行图像修复

图像修复的主要目标是修复图像中损坏或缺失的部分。这种技术在编辑图像、移除不需要的对象、补全图像以及修复老照片等应用中发挥着重要的作用。传统的图像修复方法包括基于扩散的方法和基于片（片指小的图像块）的方法。现在，可以用 AIGC 工具进行图像修复。用 AIGC 工具，可以通过复杂的算法，使图像得以修复。

【案例 4-3】用 AIGC 工具进行图像修复

下面演示用腾讯智影进行图像修复。

步骤 1：准备需要修复的图片。

图 4-12 是一张待修复的图片，可以看到，图片右上角有明显的缺失部分，呈圆形。另外，图片正上方有“ABCD1234”字样，是需要抹除的无关信息。

图 4-12　待修复图片

步骤 2：上传图片。

进入腾讯智影“AI 绘画”模块，上传待修复图片，并在“画面描述”框中输入“修补，填充，重画涂抹部分”，如图 4-13 所示。

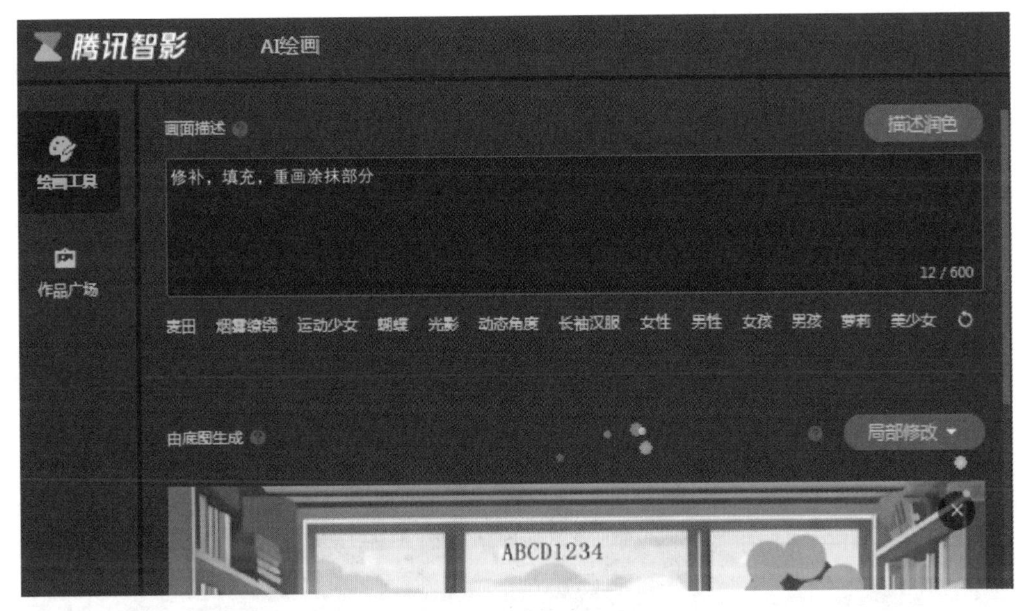

图 4-13　上传图片并进行画面描述

步骤 3：细致调节各项参数。

在“局部修改”处选择“涂抹选中修改”选项，选择合适的画笔，涂抹需要修复的区域，如图 4-14 所示。

图 4-14　涂抹需要修复的区域

调整“创意强度”，选择“创作模式”为“忠于原图”，选择“AI 参考范围”为“基于涂抹区域细节生成（推荐小涂抹区域使用）”，并根据上传图片的风格选择合适的模型主题，如图 4-15 所示。

图 4-15　调整细节参数

选择合适的画面比例，调整效果预设。根据原图的画幅，选择“自定义比例”选项，并输入原图的画面比例，如图 4-16 所示。

图 4-16　自定义画面比例设置

步骤 4：单击“生成绘画”按钮，进行图像修复。

选择生成数量，单击“生成绘画”按钮，等待片刻，即可得到图像修复图，如图 4-17 所示。

图 4-17　图像修复图

【工具选择】

使用腾讯智影进行图像修复，处理逻辑是“相似内容填充”。除腾讯智影外，还有以下 AIGC 工具可以进行图像修复。

1. Restore Photos

Restore Photos 是一款专注于人像修复、老照片修复的工具，使用简单快捷。注册后，上传需修复的图片，等待片刻即可得到修复后的图片。

2. Diff BIR

Diff BIR 是一款十分强大的图像修复工具，利用了预训练文本转图像扩散模型，可以快速完成图像修复或还原。这款工具免费且开源，只需简单设置即可使用。

3. Code Former

Code Former 是一款被广泛应用于图像修复和增强任务的工具，尤其在人脸图像的处理方面表现出色。该工具使用简单，若对图像修复的要求不高，其在线版也能满足简单的需求。

4.2 AIGC 在艺术创作中的应用

4.2.1 用 AIGC 工具进行 3D① 艺术创作

3D 艺术创作是一种建立在平面和二维设计的基础上，使设计目标更立体化、形象化的新兴设计方法。

AIGC 工具可以辅助设计师更有效地进行 3D 艺术创作。以往进行 3D 艺术创作，设计师需要建模和渲染，耗费很多的时间，而且非常考验设计师的水平，而使用 AIGC 工具可以快速生成 3D 艺术作品，让设计师有更多的精力发挥创造力。

【案例 4-4】用 AIGC 工具进行 3D 艺术创作

下面演示用文心一格进行 3D 艺术创作。

步骤 1：进入“AI 创作”模块。

打开文心一格，单击“AI 创作”按钮，进入“AI 创作”模块，如图 4-18 所示。

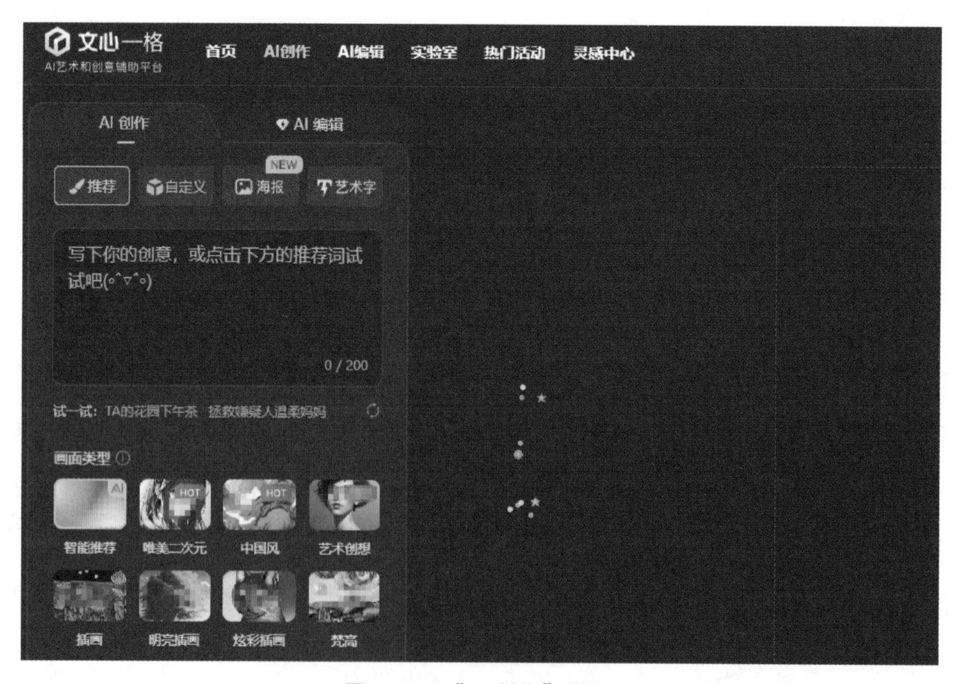

图 4-18 “AI 创作”模块

① 3D 是 three dimension 的简称，指三维。

步骤 2：输入关键词，设置参数。

按需选择“推荐”“自定义”“海报”“艺术字”模式，此处选择“推荐”模式。根据界面提示，输入关键词。本次演示要生成一张具有未来感的汽车 3D 艺术图片，因此输入关键词“未来感汽车”与“3D”，两者之间用逗号或分号隔开，然后分别选择“画面类型”“比例”“数量”等参数，如图 4–19 所示。

图 4–19 参数设置

步骤 3：单击生成。

设置好所有参数后，单击“立即生成”按钮，即可得到最终 3D 效果图，如图 4–20 所示。

图 4–20 3D 效果图

【操作提示】

在文心一格的“AI 创作”模块中，有“推荐”“自定义”“海报”“艺术字”等模式，其中，“自定义”模式支持以图生图，可以实现草图上色、风格迁移、图片修复等功能，如图 4–21 所示。

图 4–21 “自定义”模式

【工具选择】

除文心一格外，还有以下 AIGC 工具可以进行 3D 艺术创作。

1. 智谱清言

在智谱清言的网页端或客户端，打开对话窗口，输入需求，即可得到 3D 艺术作品。

2. 讯飞星火认知大模型

在讯飞星火认知大模型主界面单击“助手中心”按钮，选择“绘画大师”选项，进入“AI 绘画”模块，输入关键词，即可得到 3D 艺术作品。

3. Adobe Firefly

Adobe Firefly 是软件公司 Adobe 开发的一款 AIGC 工具，可以利用机器学习算法，根据文本提示生成或编辑独特的艺术作品，可以在线使用，也可以在 Photoshop 等 Adobe 系列软件中使用。登录后，在主界面选择“文字生成图像”选项，输入关键词，即可得到 3D 艺术作品。

4.2.2 用 AIGC 工具进行艺术风格迁移

艺术风格迁移是指将一张图片的艺术风格特征应用到另一张图片上。具体来说，就是选择一张图片为样例，再将任意一张图片转化为样例图片的风格，并尽可能保留原图片的内容。

【案例 4-5】用 AIGC 工具进行艺术风格迁移

下面演示用通义万相进行艺术风格迁移。

步骤 1：选择艺术风格，确定样例。

常见的艺术风格有写实主义、印象主义、抽象主义等。此处选择一张印象主义艺术风格的作品作为样例，如图 4-22 所示。

图 4-22　印象主义艺术风格作品

步骤 2：确定需要进行艺术风格迁移的图片。

确定样例后，接着需要确定进行艺术风格迁移的图片，图片的艺术风格应明显区别于样例的艺术风格。此处选择一张与印象主义艺术风格差别明显的写实主义艺术风格的作品，如图 4-23 所示。

图 4-23　写实主义艺术风格作品

步骤 3：打开通义万相，进入“图像风格迁移”模块进行操作。

打开通义万相，进入“图像风格迁移”模块，在“原图”处上传写实主义艺术风格作品，在“风格图”处上传印象主义艺术风格作品，如图 4-24 所示。

图 4-24　上传图片

步骤 4：进行艺术风格迁移。

单击“生成指定风格画作”按钮，稍等片刻，即可看到图片艺术风格迁移效果，如图 4-25 所示。

图 4-25　图片艺术风格迁移效果

【工具选择】

除通义万相外，还有以下 AIGC 工具可以进行艺术风格迁移。

1. TensorART

TensorART 是一款强大的 AIGC 工具，支持文生图、图生图等多种模式。在主界面选择一张风格化的作品，采用该作品的参数，进入图生图模式，进行简单设置，即可得到艺术风格一致的绘画作品。

2. Midjourney

Midjourney 同样支持艺术风格迁移，可以将某种艺术风格应用到作品上，如凡·高的星空风格、毕加索的立体主义风格等。

4.3　AIGC 在设计创作中的应用

4.3.1　用 AIGC 工具进行产品设计

在产品设计领域，使用 AIGC 工具，设计师可以快速生成产品外观草图，节省时间并从中得到灵感。

用 AIGC 工具进行产品设计，首先需要明确设计目标和要求，然后选择合适的 AIGC 工具。

【案例 4-6】用 AIGC 工具进行产品设计

下面演示用讯飞星火认知大模型进行产品设计。

步骤 1：进入设计界面。

打开讯飞星火认知大模型，进入主界面。单击“助手中心”按钮，选择“绘画大师”选项，进入设计界面，如图 4-26 所示。

图 4-26　AI 绘画模块

步骤 2：输入关键词，单击生成。

在输入框输入“生成一张以水晶和心形为设计元素的金属项链外观设计图”，单击“发送”按钮，等待片刻，即可得到金属项链外观设计图，如图 4-27 所示。

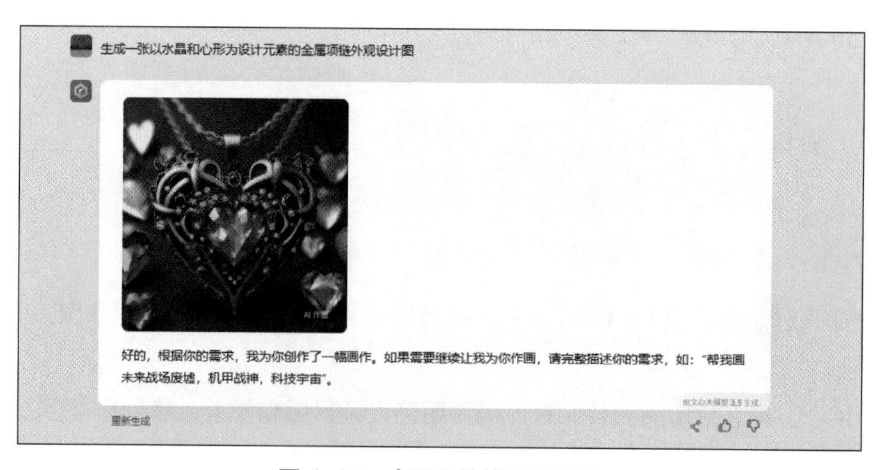

图 4-27　金属项链外观设计图

【操作提示】

使用讯飞星火认知大模型进行产品设计，输入的关键词力求简洁、明确、无歧义、指向性强，不要模棱两可或过于复杂。

若对生成的图片不满意，可调整关键词，或者单击“重新回答”按钮，使其重新生成图片，以供参考。

4.3.2 用AIGC工具进行艺术设计修复

艺术设计修复是一种借助技术手段，对受损或老化的艺术设计品进行修复的过程。这种过程可能涉及清洁、填补、重塑等多种技术。根据情况，可以对AIGC工具生成的图片进行艺术设计修复，也可以对图片素材进行艺术设计修复。

【案例4-7】用AIGC工具进行艺术设计修复

下面演示用腾讯智影进行艺术设计修复。

步骤1：进入绘画模式。

打开腾讯智影，单击“AI绘画”按钮，进入“AI绘画”模块，如图4-28所示。

图4-28 “AI绘画”模块

步骤2：上传底图，调整参数。

上传一张需要修复的向日葵图片，在“画面描述”处输入“对涂抹区域进行重画，使其具有科幻感”，如图4-29所示。单击“局部修改”按钮，选择“涂抹选中修改”(或选择“粗绘引导修改”)，并涂抹需要修改的区域，如图 4 30 所示。按需设置“创意强度”“丰富强度”“模型主题”“画面比例”等参数。

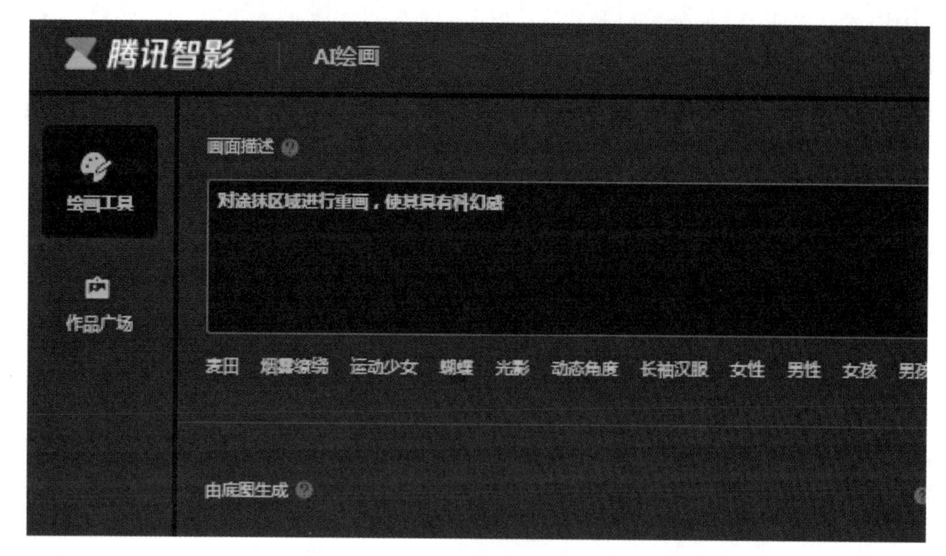

图 4-29　上传底图并进行描述

图 4-30　选择修改模式并进行涂抹

步骤 3：生成艺术设计修复效果图。

单击“生成绘画”按钮，即可得到最终效果图，如图 4-31 所示。在图片中，向日葵的花蕊部分得到了明显的优化调整。

图 4-31　艺术设计修复效果图

【操作提示】

在进行艺术设计修复前，需要明确对图片进行何种修复，如需要重绘细节、重新上色、替换背景等。对于不同的艺术设计修复效果，需要使用不同的 AIGC 工具或同一 AIGC 工具的不同模块。要对 AIGC 工具的种类与功能进行探索和挖掘，不要只局限于"案例 4-7"涉及的情况。

4.3.3　用 AIGC 工具进行建筑设计优化

建筑设计开始可能只有比较简单的手绘草图，细节并不丰富。设计师对草图进行建模与渲染，不仅耗费时间，若草图未通过，还会浪费资源。

如今，有了各种 AIGC 工具，设计师只需提供简单的设计草图，输入指令，就可以得到效果图。

【案例 4-8】用 AIGC 工具进行建筑设计优化

下面演示使用文心一格进行建筑设计优化。

步骤 1：打开主界面，进入"AI 创作"模块。

步骤 2：上传底图调整参数。

对建筑设计图进行优化，需要选择“自定义”模式，并上传参考图。此处上传一张跨海大桥的手绘稿，如图 4–32 所示。

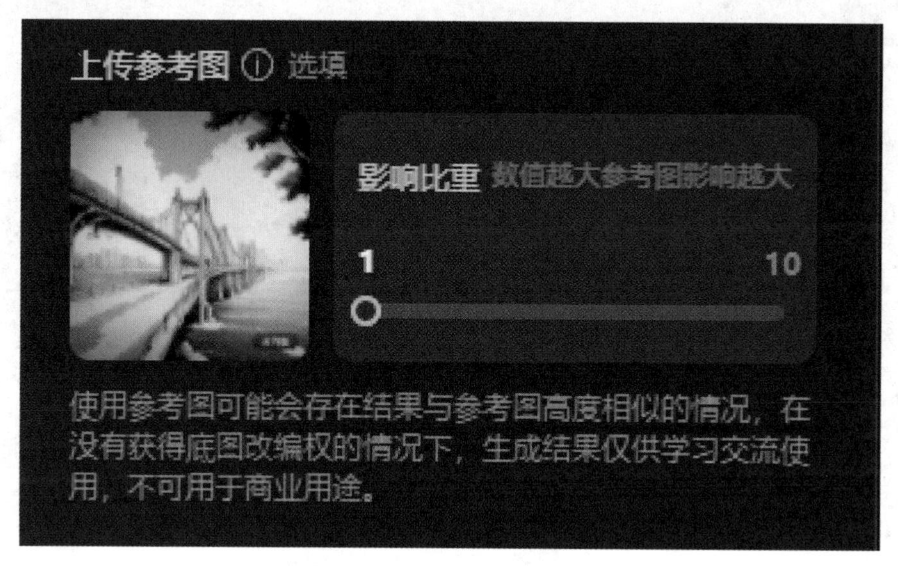

图 4–32　上传参考图

步骤 3：输入关键词，调整参数。

按照需求，输入“对图片进行上色与建模，丰富细节，光线追踪，细节刻画，3D 效果”，如图 4–33 所示。

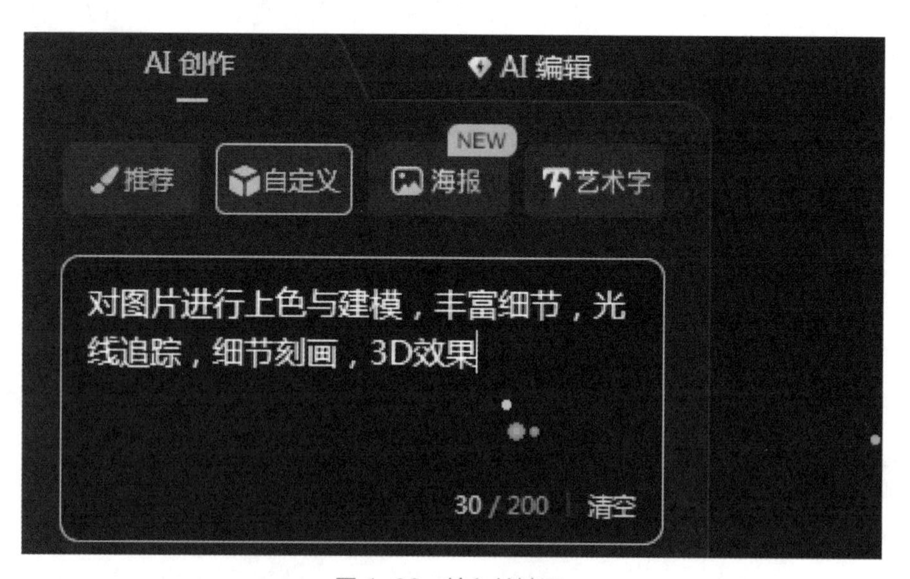

图 4–33　输入关键词

在“选择AI画师”处，选择合适的绘画模式。此处选择“具象”模式，该模式擅长精细刻画，适合进行建筑设计优化，如图4-34所示。

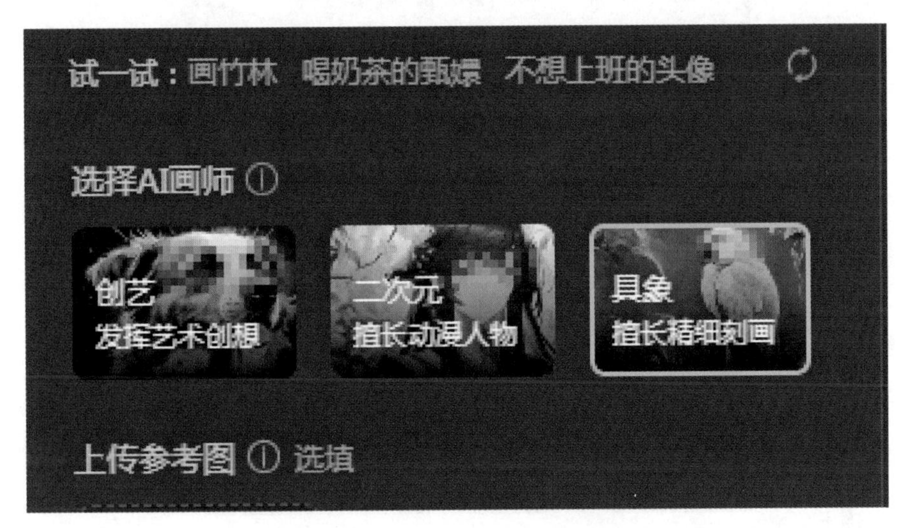

图4-34　选择合适的绘画模式

选择“数量”为4，在“画面风格”处填入“3D，建筑渲染”。在“修饰词”处填入“写实，精细刻画，精致”，如图4-35所示。

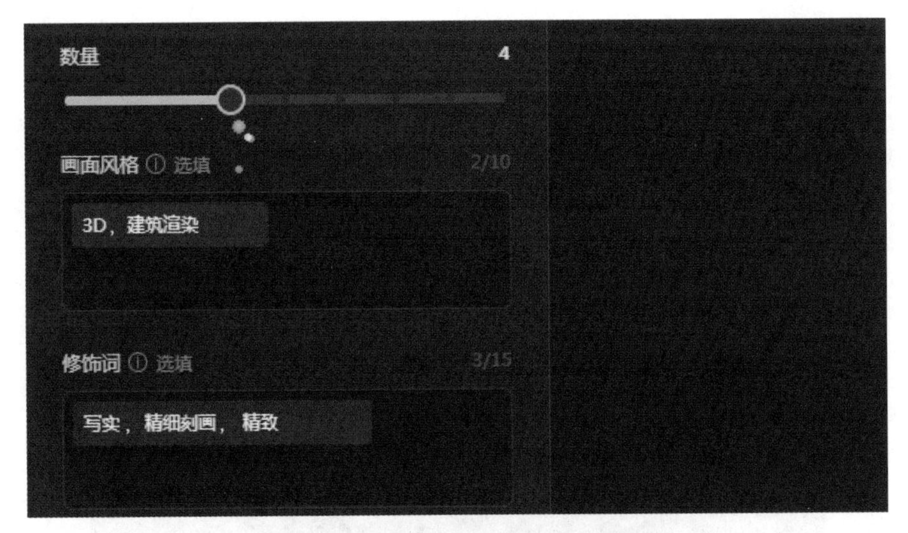

图4-35　数量、画面风格等参数设置

步骤4：生成建筑设计优化效果图。

单击“立即生成”按钮，等待片刻，即可得到建筑设计优化效果图，如图4-36所示。

图 4-36　建筑设计优化效果图

可以看到，对原先的黑白手绘稿进行了上色处理，并添加了丰富的纹理、光影等细节。

【操作提示】

在许多 AIGC 工具中，都有“负向描述词”或“不希望出现的内容”输入框，可以输入不想出现在画面中内容的关键词，减少后期调整，如图 4-37 所示。

图 4-37　某 AIGC 工具“负向描述词”设置

例如，设计师想生成一张男士短袖的外观设计图，短袖可以用各种图形装饰，但设计师不想用三角形，就可以在 AIGC 工具中“负向描述词”处输入“三角形”。

第5章 AIGC与视频生成

5.1 AIGC 在视频生成与剪辑中的应用

5.1.1 用 AIGC 工具进行视频生成

AIGC 工具在视频生成中发挥重要的作用，其优势在于能够利用大量数据和先进算法，自动生成高质量的视频内容。

AIGC 工具可以自动完成视频剪辑、特效添加、语音合成等复杂任务，提高生产效率，降低制作成本，并且能够实现个性化的视频内容定制，满足不同领域的需求。

【案例 5-1】用 AIGC 工具进行视频生成

以“一分钟读懂人工智能”为例，向腾讯智影提问，用腾讯智影进行视频生成。

【用户提问】

视频主题：一分钟读懂人工智能。

视频文案：大家好！今天我们要聊的话题是“人工智能”，一个充满神秘和吸引力的科技领域。那么，人工智能到底是什么呢？让我们一起快速了解一下！（文案详细内容略）

成片类型：通用。

视频比例：横屏。

背景音乐：summer。

朗读音色：亲切中正青年男音。

然后单击“生成视频”按钮。

【腾讯智影生成】

生成结果如图 5-1 所示。

图 5-1　腾讯智影生成视频

【操作提示】

在腾讯智影生成视频之前，首先明确需求和主题，帮助 AIGC 工具更好地理解用户的意图，并生成符合需求的视频内容。

为了生成高质量的视频内容，要注意视频文案的逻辑性和条理性，对提供的数据和资料（如文字描述、图片、音乐等）进行排布和梳理，以助于理解视频内容。

5.1.2　用 AIGC 工具进行视频剪辑

传统的视频剪辑需要人工操作，过程烦琐且需要一定的技能和经验。AIGC 工具应用先进的人工智能技术，可以自动识别视频内容，进行精准的剪辑和编辑，省去了人工操作的烦琐过程。

用 AIGC 工具进行视频剪辑具有创意性和灵活性，可以根据用户的需求和主题，自动添加特效、音效、字幕等元素，提升视频的质量和吸引力。AIGC 工具还具有图像处理能力，可以通过智能化的算法对视频进行优化和调整，使视频更加引人入胜。

此外，用 AIGC 工具进行视频剪辑可以实现智能化素材管理和筛选，自动对大量素材进行分类、标签化，方便用户快速管理和筛选。

【案例 5-2】用 AIGC 工具进行视频剪辑

以“一分钟读懂人工智能”为例，向腾讯智影提问，用腾讯智影进行视频剪辑。

【用户提问】

请将以下文字加入视频，并朗读全部字幕：人工智能在我们的生活中有哪些应用呢？其实，人工智能的应用已经无处不在，如智能音响、智能家居、智能医疗等。这些应用不仅方便了我们的生活，也提高了工作的效率和准确性。

【腾讯智影生成】

生成结果如图 5-2 所示。

图 5-2　腾讯智影剪辑视频

【操作提示】

1. 确定视频的长度和格式

在用 AIGC 工具剪辑视频时，需要确定视频的长度和格式，避免因格式问题造成视频剪辑失败。

2. 保持顺畅的沟通

在用 AIGC 工具剪辑视频时，需要保持顺畅和有条理的沟通，并及时调整和修改剪辑的视频。例如，“请按照我提供的字幕顺序，将字幕放置在视频的右上角，在视频第33秒处朗读全部字幕”。

3. 及时测试和修改关键信息

在剪辑视频后，需要对视频进行测试和修改。利用AIGC工具的智能纠错功能，发现潜在的问题并及时修正，以确保视频的质量符合期望。

5.2 AIGC在短视频中的应用

5.2.1 用AIGC工具生成短视频

由于时长限制，短视频更注重精简内容和突出创意，尽可能在短时间内引起用户的注意，抓住用户的兴趣点。

AIGC工具可以根据主题和目标受众，生成高质量、具有深度的短视频，通常使用更加鲜明的、直观的视觉效果，如快速剪辑、动画效果、镜头切换等，以增强视觉的冲击力和吸引力。

【案例5-3】用AIGC工具生成短视频

以“如何制作爆款短视频”为例，向腾讯智影提问，用腾讯智影生成短视频。

【用户提问】

短视频主题：如何制作爆款短视频。

短视频文案：

【短视频标题】“掌握技巧，制作爆款短视频”

【开场画面】一个手持摄像机的年轻人正在拍摄短视频，声音渐入。

【旁白】“你是否也想成为短视频达人？今天，让我们一起学习如何制作爆款短视频！”

【画面】剪辑师正在电脑前快速剪辑短视频，声音渐入。

【旁白】“第一招：精准的剪辑技巧。”

【画面】剪辑师在时间线上快速浏览短视频素材，选择精彩片段。

【旁白】“选择最精彩的片段，让用户一眼就能抓住重点。”

【画面】剪辑师添加动感的音乐和特效，画面变得生动有趣。

【旁白】“第二招：添加吸引人的音乐和特效，让短视频更有吸引力。”
【画面】一个年轻人在拍摄过程中突然笑场，画面出现“NG”字样。
【旁白】“NG！笑场了？别担心，用我们的AI智能配音功能，轻松替换原声。”
【画面】剪辑师选择AI智能配音功能，输入文字，选择合适的音色和语速。
【旁白】“第三招：用AI智能配音功能，让短视频的声音更加专业。”
【画面】画面切换到一个爆款短视频的标题和播放量，声音渐入。
【旁白】“掌握这些技巧，你也可以制作爆款短视频！别忘了分享给朋友哦！”
【画面】出现“制作爆款短视频”的标题和二维码，声音渐出。
【旁白】“扫描二维码关注我们，获取更多短视频制作技巧！”
成片类型：通用。
短视频比例：竖屏。
背景音乐：夏夜。
朗读音色：大气沉稳冷静女声。

然后单击“生成视频”按钮。

【腾讯智影生成】

生成结果如图5-3所示。

图5-3　腾讯智影生成短视频

【操作提示】

1. 确定主题和内容

在用 AIGC 工具生成短视频之前，要明确短视频的主题和内容，有助于 AIGC 工具理解需求。

2. 调整参数

AIGC 工具通常提供一些参数和设置，如短视频的长度、帧率、分辨率等。根据需求和目标受众，调整参数和设置，以获得更好的效果。

3. 多次生成和调整

用 AIGC 工具生成短视频，可以根据需求和目标受众，尝试不同的模板、素材、参数和设置，以获得更好的效果。

4. 测试和优化

在生成短视频后，进行测试和优化。观察短视频的反馈，了解用户的兴趣和需求。根据数据和用户反馈进行优化，不断改进短视频的内容和形式。

5.2.2 用 AIGC 工具进行短视频剪辑

由于短视频的时长较短，AIGC 工具可以快速分析和处理短视频内容，缩短剪辑时间，并且自动添加特效和转场效果，使短视频更加生动、有趣。

【案例 5-4】用 AIGC 工具进行短视频剪辑

以“人工智能在生活中的应用”为例，用腾讯智影进行短视频剪辑。

步骤 1：导入需要编辑的素材。

打开腾讯智影，进入“视频剪辑”模块，单击“我的资源”，此处选择本地上传、手机上传或录制，导入需要剪辑的短视频，如图 5-4 所示。

步骤 2：打开“在线音频”，选择合适的音频。

打开“在线音频”，选择与视频素材符合的音频，单击“添加到轨道”。可以拖曳“音量大小”“淡入时间”“淡出时间”，调整音频直至与视频内容相符，如图 5-5 所示。

图 5-4 导入短视频

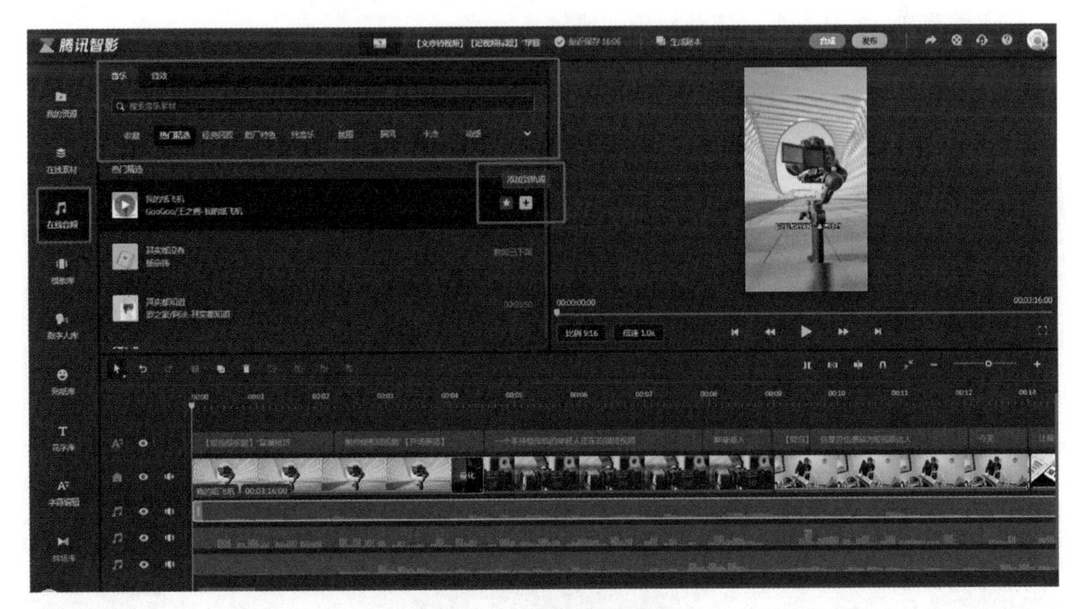

图 5-5 选择合适的音频

步骤 3：打开“字幕编辑”，生成合适的字幕内容。

打开“字幕编辑”，输入字幕内容，也可以上传字幕。编辑完成后，可以根据需求调整字幕的字符格式、动画特效、朗读模式等，如图 5-6 所示。

图 5-6　编辑字幕

步骤 4：根据需求，调整转场、滤镜、特效。

依次单击“转场库”“滤镜库”“特效库”，对短视频内容进行剪辑优化，优化完成后单击“合成”按钮，保存发布即可，如图 5-7 所示。

图 5-7　调整转场、滤镜、特效

【操作提示】

1. 明确短视频的主题和目标受众

在剪辑前，了解短视频的主题和目标受众，可以帮助 AIGC 工具选择剪辑风格、特效和配乐等，使短视频更加符合受众的需求。

2. 智能筛选及分类素材

对于大量的素材，需要用 AIGC 工具进行筛选和分类，去除无关或质量较差的素材，并将相关的素材组织在一起。

3. 智能识别和分析关键情景

用 AIGC 工具的智能识别和分析功能，可以快速找到短视频的关键情景，帮助进行精确的剪辑。

4. 训练自动及创意剪辑功能

AIGC 工具具有自动及创意剪辑功能，可以添加特效和配乐等，为了获得最佳效果，需要导入、测试、训练不一样的素材库，提升其算法。

5.3 AIGC 在数字人中的应用

5.3.1 用 AIGC 工具进行数字人生成

数字人生成是指利用数字技术创建或生成虚拟人物的过程。数字人可以是基于真实人物的模拟，也可以是完全虚构的。数字人生成通常包括使用图像、语音和动画等技术创建数字人的外观、声音和动作。

【案例 5-5】用 AIGC 工具进行数字人生成

下面演示用腾讯智影进行数字人生成。

步骤 1：打开工具，选择想要生成的数字人类型。

打开腾讯智影，进入“数字人播报”模块。此处可根据需求，从 2D 或 3D 的预制形象中选择，如图 5-8 所示。

图 5-8　选择数字人形象

步骤 2：根据需求编写播报内容并选择合适的字幕样式。

根据需求提交文本主题，用腾讯智影智能创作播报内容。在“字幕样式”中，根据系统提供的“预设样式”“字符”“背景色”“描边”“阴影”“基础调节”等内容进行调整，如图 5-9 所示。

图 5-9　创作文字样式

步骤3：单击“合成视频”按钮，即可得到数字人。

全部调整完毕后，单击“合成视频”按钮。根据需求命名数字人，并调整“分辨率”“水印”“片尾”等细节，单击“确定”按钮即可生成数字人，如图5-10所示。

图5-10　生成数字人

【工具选择】

除腾讯智影外，还有以下AIGC工具可以进行数字人生成。

1. HeyGen

HeyGen提供了多种功能，包括选择模板、上传照片或使用网站提供的人物头像、输入或录制语音等。其功能丰富，可以添加背景音乐、特效、字幕等元素，并支持导出视频或将其嵌入网页。

2. KreadoAI

KreadoAI可以使用多个数字人，实现不同的语音和背景。只需提交5分钟的录制音频，即可高度还原真人音色，克隆后还可以随意切换140多种语言输出。

3. SadTalker

SadTalker 是一款开源的虚拟数字人生成工具，可以用一张图片生成数字人口播视频，也可以生成 3DMM（3D 可变形模型 / 参数化模型）的 3D（头部姿势、表情）系数，利用 3D 面部渲染器进行数字人生成。

5.3.2 用 AIGC 工具进行数字人合成

数字人合成是指将不同的数字人元素组合在一起，以创建一个全新的虚拟人物。数字人合成是将不同的面部特征、身体比例、服装等组合在一起，以创建独特的虚拟人物。数字人合成也可用于创建具有特定背景、性格和行为的虚拟人物。

【案例 5-6】用 AIGC 工具进行数字人合成

下面演示用腾讯智影进行数字人合成。

步骤 1：打开工具，选择想要生成的数字人类型。

打开腾讯智影，进入“数字人播报”模块，选择“照片播报”模式，如图 5-11 所示。

图 5-11 选择“照片播报”模式

步骤 2：打开“照片播报”，根据需求选择“照片主播”或“AI 绘制主播”。

“照片主播”可选择本地上传面部特征、身体比例、服装样式等内容进行数字人合成。

“AI 绘制主播”可简要描述想要合成数字人的特征，如戴草帽、长头发、大眼睛、女生，如图 5-12 所示。

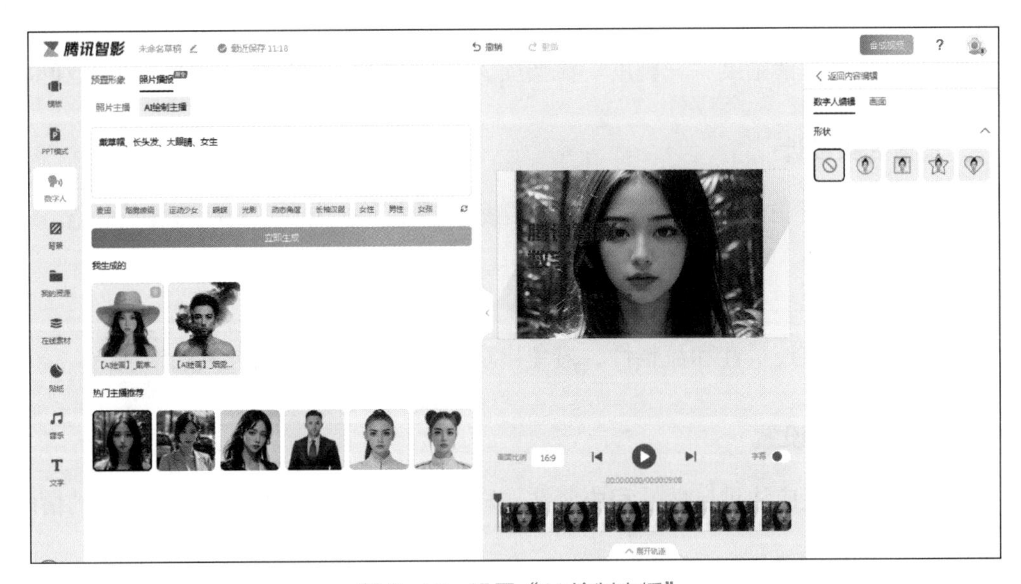

图 5-12　设置“AI 绘制主播”

步骤 3：根据需求设置数字人播报内容和字幕样式。

在“创作文章”中输入“家庭关系的维护与沟通”作为主题，让 AIGC 工具智能创作播报内容，如图 5-13 所示。

图 5-13　创作播报内容

【操作提示】

1. 素材选择

素材选择应确保清晰度、完整度、流畅度，以及内容与形式统一，并注意版权问题。

2. 人物形象设计

人物形象设计应注重真实性和美观性，避免出现变形、失真或过于夸张的情况。

3. 视频剪辑

视频剪辑应注重连贯性和流畅性，避免出现跳帧、卡顿或画面失真的情况。

4. 数字人动作设置

数字人动作设置应注重自然性和协调性，避免出现动作僵硬或与内容不匹配的情况。

5. 语音识别与配音

语音识别与配音应注重准确性和流畅性，避免出现语音不清晰或与内容不匹配的情况。

第6章

AIGC与语音生成

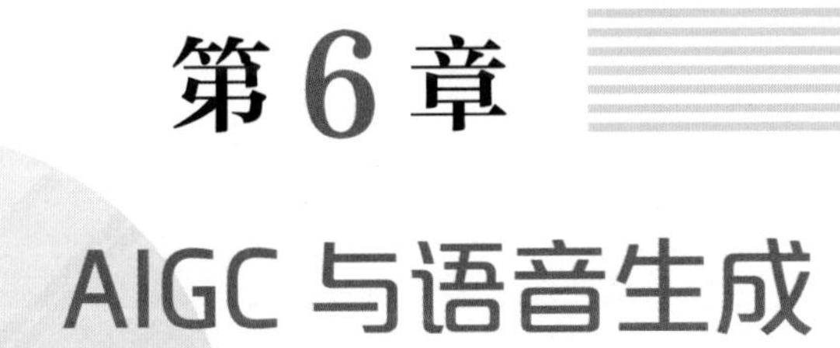

6.1　AIGC 在语音合成与识别中的应用

6.1.1　用 AIGC 工具进行语音生成

语音生成是 AIGC 工具的基础功能之一，用户将一段文字上传到 AIGC 工具，即可生成语音。

【案例 6–1】用 AIGC 工具进行语音生成

1. FakeYou

FakeYou 是一款 AI 文本转语音的应用程序，应用深度技术生成逼真的语音。

步骤 1：进入 FakeYou 主界面，选择左侧的“Text to Speech”模块，将文字内容生成语音内容，如图 6–1 所示。

步骤 2：在文本框“Your Text”中输入文字内容，然后单击“Speak”按钮，即可生成语音，如图 6–2 所示。

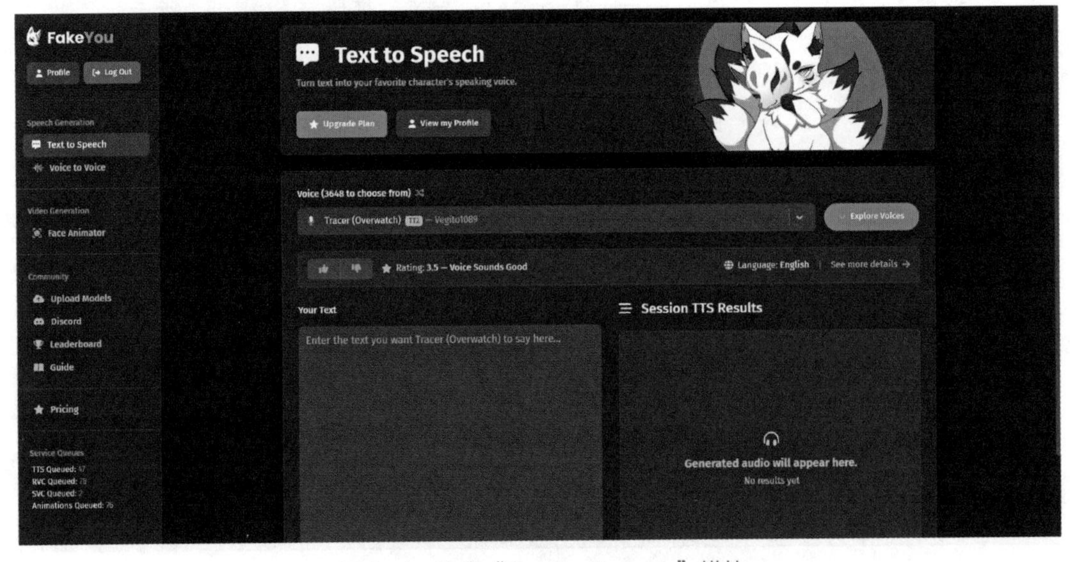

图 6–1　选择“Text to Speech”模块

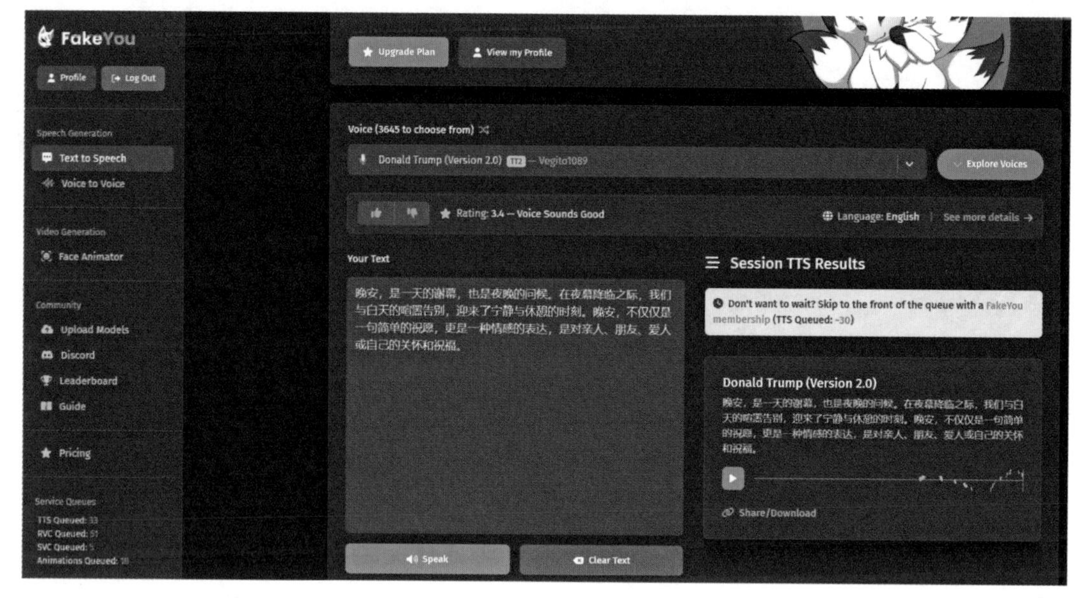

图 6-2　输入文字内容

【操作提示】

FakeYou 免费版本只能生成 12 秒以内的语音。如果要生成较长的语音，需要升级为会员。

2. 讯飞智作

步骤 1：进入讯飞智作主界面，选择“AI+ 音频”模块，如图 6-3 所示。

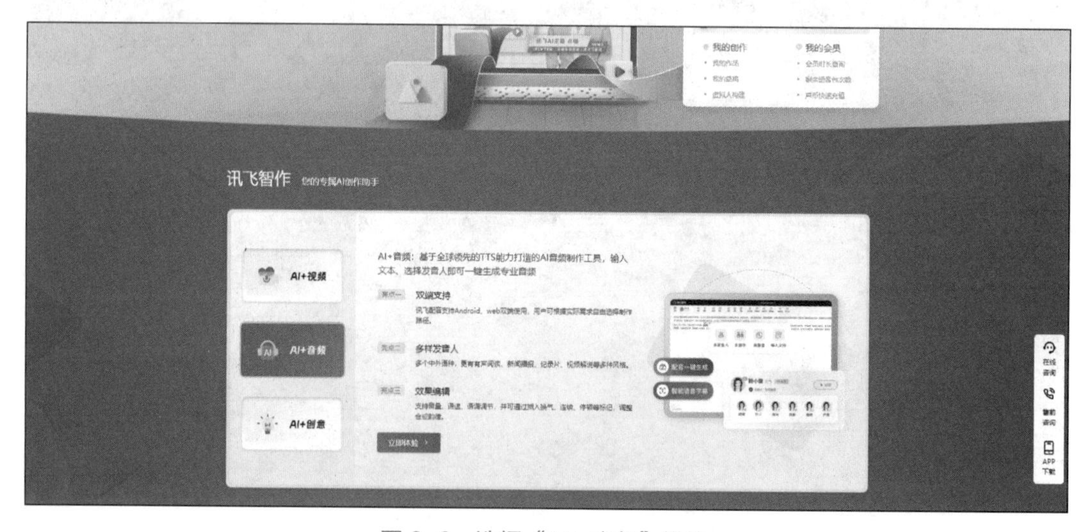

图 6-3　选择“AI+ 音频”模块

步骤2：将文字内容输入文本框，单击“生成音频”按钮，即可生成语音，如图6-4所示。

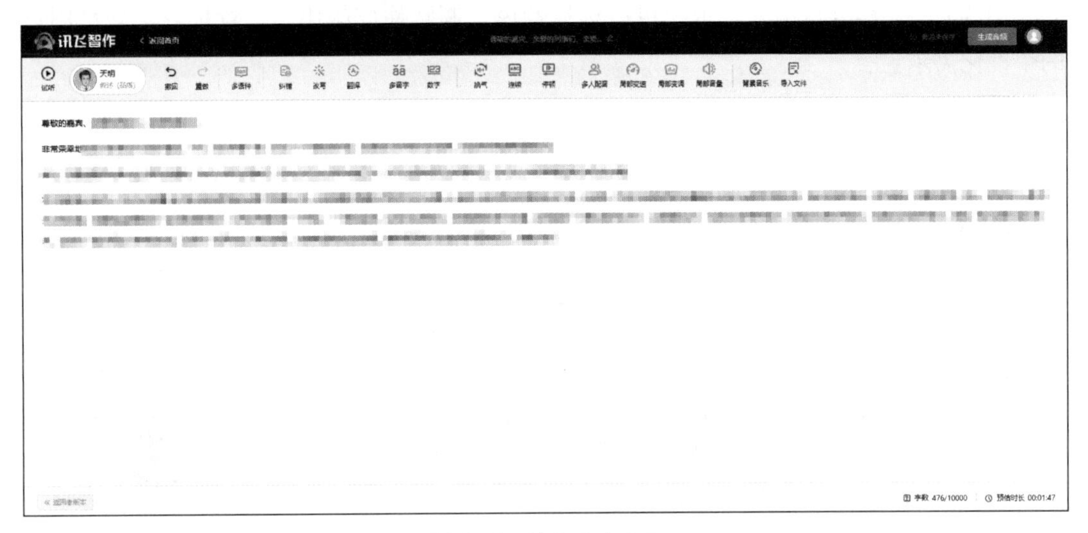

图6-4　输入文字内容

【操作提示】

如果要查看讯飞智作生成的语音内容，需要支付费用。

【工具选择】

除FakeYou、讯飞智作外，还有以下AIGC工具可以进行语音生成。

1. Voicemaker

Voicemaker是一款在线AI文字转语音服务工具，支持30多种语言、70多种语音，还具有调整语速、音调、音量等功能。

2. VoiceAI

VoiceAI是一款在线AI语音变声转换工具，可以将语音转换为数千种人物的声音，实现语音克隆和音频编辑，在不同应用中实时改变语音。

6.1.2　用 AIGC 工具进行语音合成

用 AIGC 工具进行语音合成，可以选择音色，调整播放的语速、音量等，满足用户的个性化需求。

【案例 6–2】用 AIGC 工具进行语音合成

1. 腾讯智影

步骤 1：进入腾讯智影主界面，选择“文本配音”模块，如图 6–5 所示。

图 6–5　选择“文本配音”模块

步骤 2：进入“未命名草稿”页面，将文本内容输入文本框。选择合适的音色，在文本的各处插入停顿、音效、背景音乐等，如图 6–6 所示。

步骤 3：单击“生成音频”按钮，即可合成语音，如图 6–7 所示。

2. LOVO

步骤 1：进入 LOVO 主界面，单击“New Project”按钮，建立新项目，如图 6–8 所示。新项目有两种模式：一种是“Simple Mode”，只是简单地将文字生成语音；另一种是“Advanced Mode”，可以选择不同名人的声音朗读文字内容。

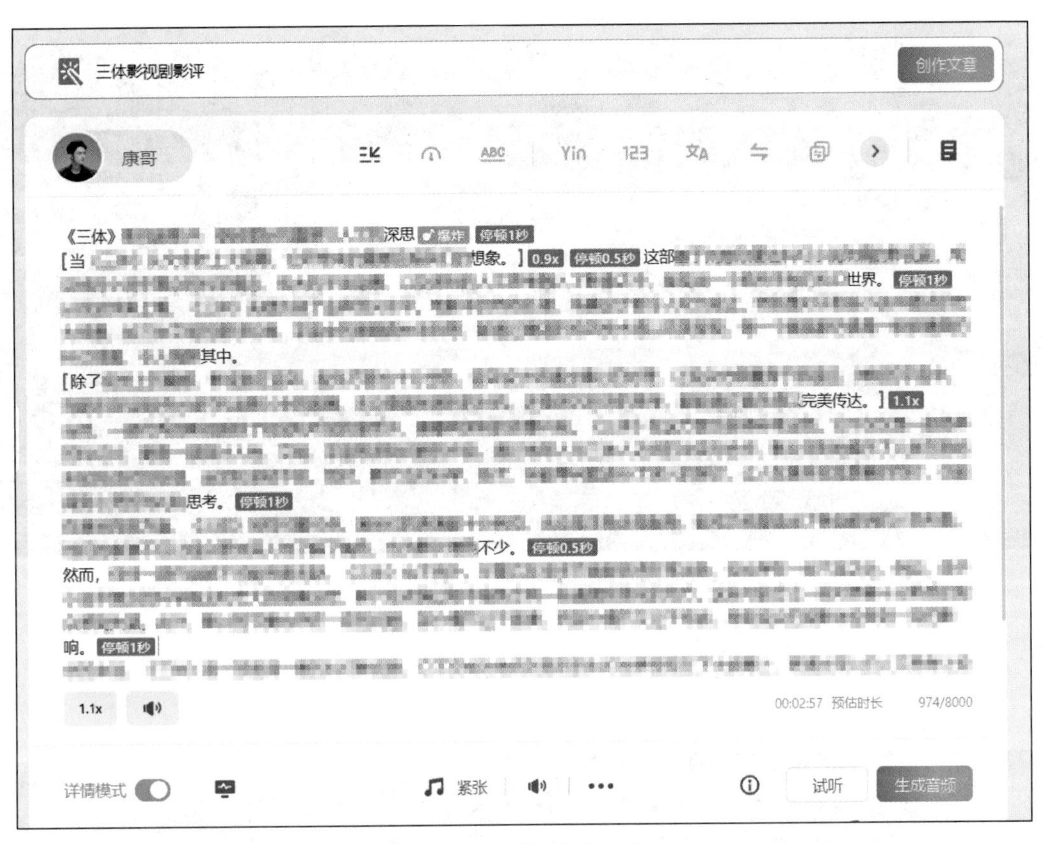

图 6-6　输入文本内容

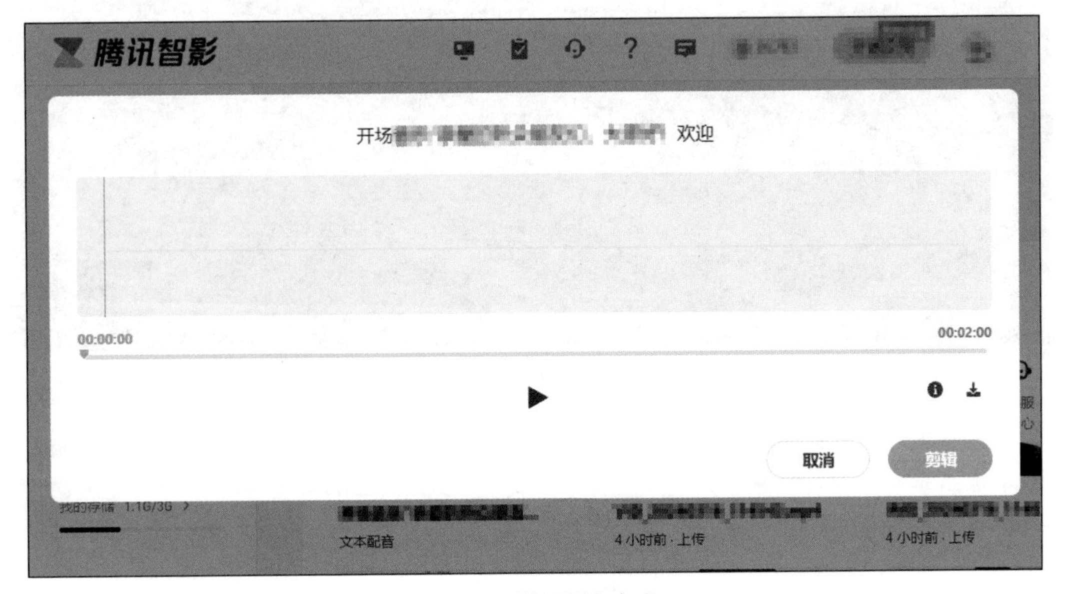

图 6-7　进行语音合成

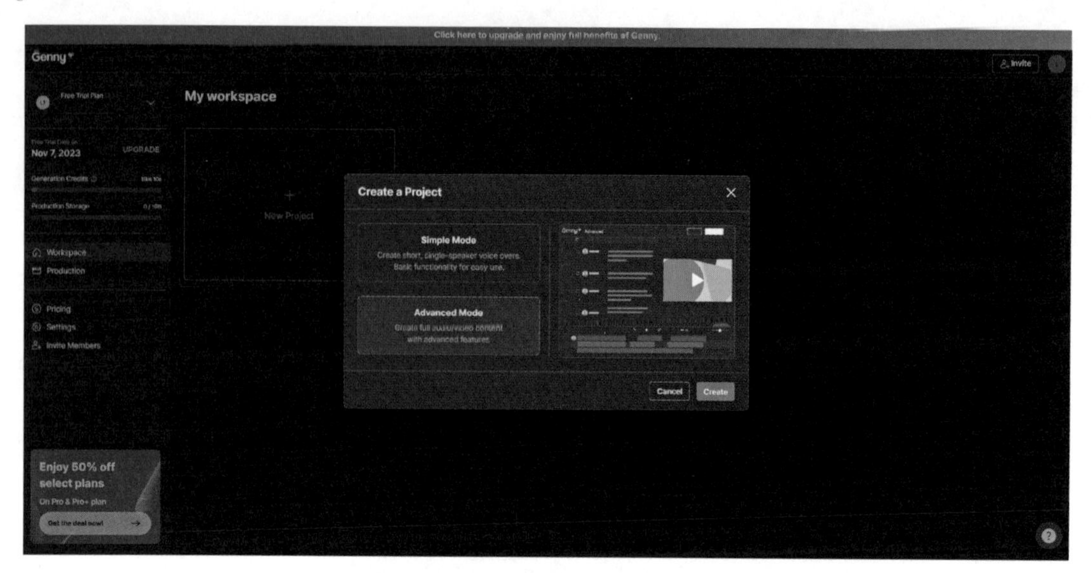

图 6–8　建立新项目

步骤 2：进行语音合成是比较高级的需求，所以选择“Advanced Mode”，如图 6–9 所示。

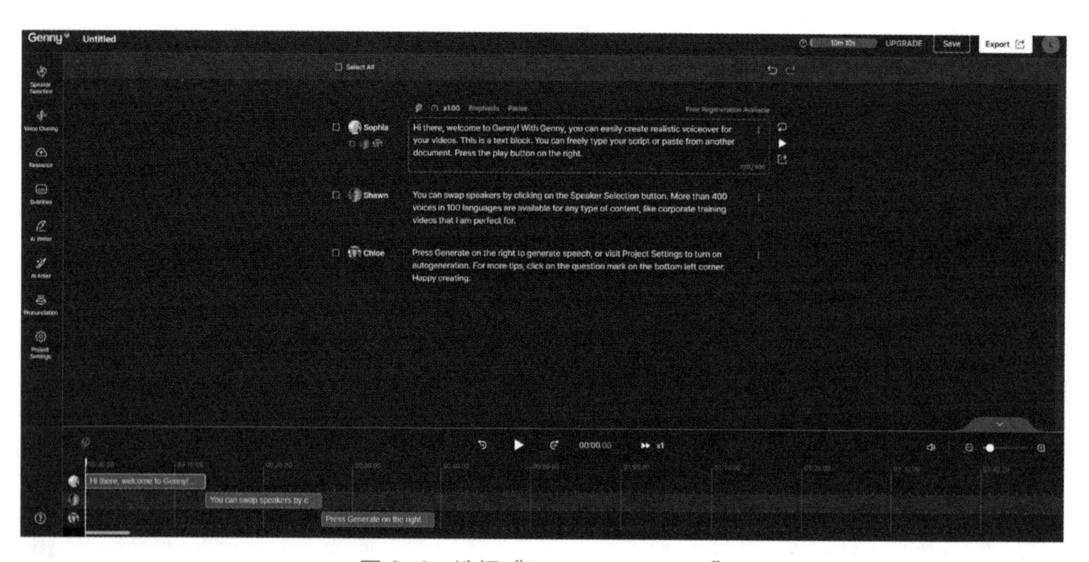

图 6–9　选择“Advanced Mode”

步骤 3：在左侧栏目“Speaker Selection”中选择一位名人的声音，作为音频文件的音色。然后，在文本框中输入文字内容，如图 6–10 所示。

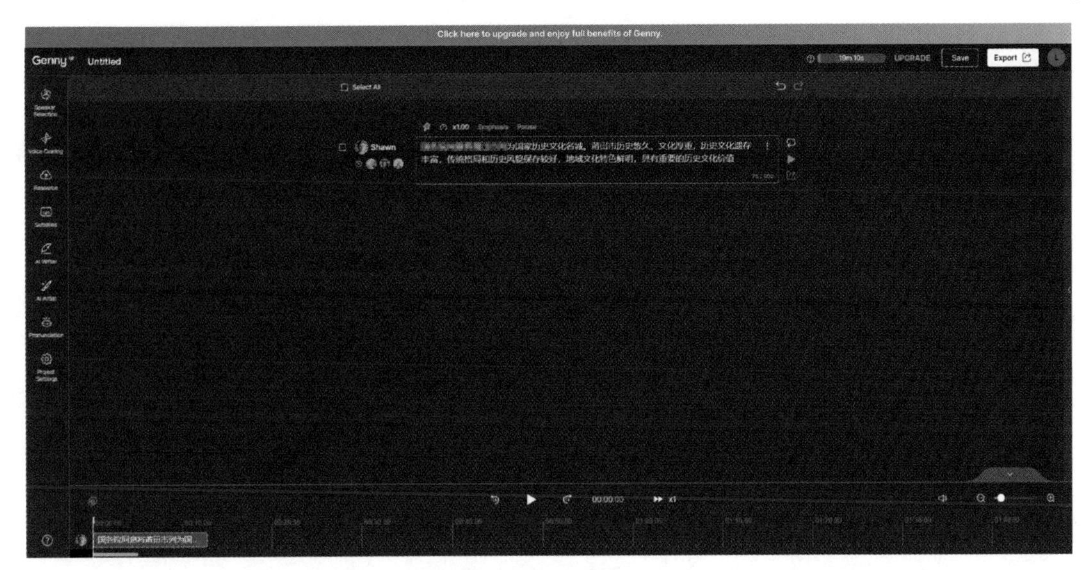

图 6-10　输入文字内容

步骤 4：进行语音合成后，单击“Play”按钮，即可播放语音。

【操作提示】

1. 选择名人声音要注意名人名片中标注的语言。如果输入的语言与名人的语言不符，就不能进行语音合成。

2. LOVO 提供 20 分钟免费时长，生成一个语音后，会扣除这个语音相应的时长。免费时长用完后再继续使用的话，需要购买会员。

6.1.3　用 AIGC 工具进行语音识别

语音识别是指将语音转换为文字。可以进行语音识别的 AIGC 工具有魔音工坊、通义听悟。

【案例 6-3】用 AIGC 工具进行语音识别

1. 魔音工坊

步骤 1：进入魔音工坊主界面，选择“文案提取”模块，如图 6-11 所示。

步骤 2：在“文案提取”模块中，选择“音频文案”，上传要识别的音频文件，还可以选择不同的方言类型，如图 6-12 所示。

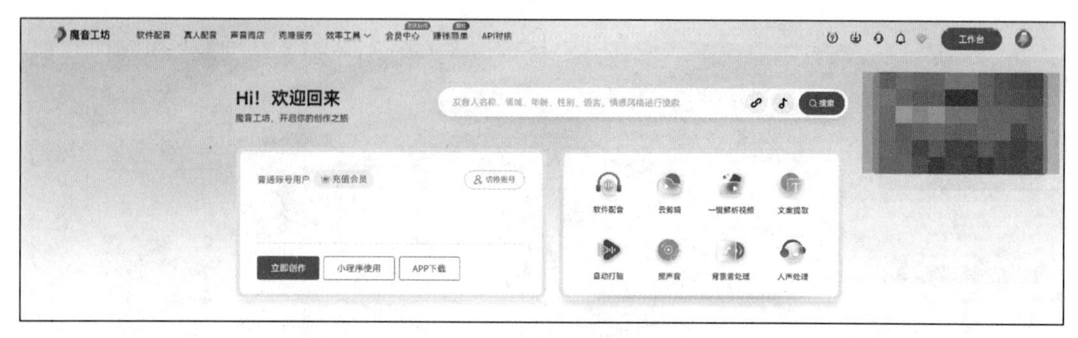

图 6-11　选择“文案提取”模块

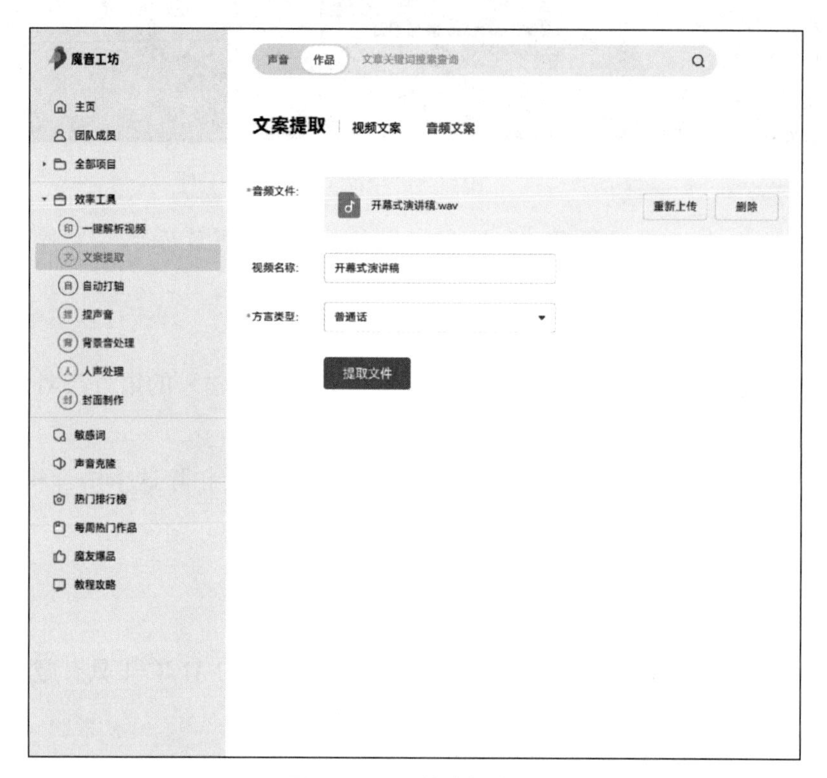

图 6-12　上传音频文件

步骤 3：单击“提取文件”按钮，下方出现音频中的文字信息，用户可以直接复制，或下载 TXT 文件。

【操作提示】

提取文件功能不是免费的，需要用户开通会员才能够使用。

2. 通义听悟

步骤 1：进入通义听悟主界面，选择“上传音视频”模块，如图 6-13 所示。

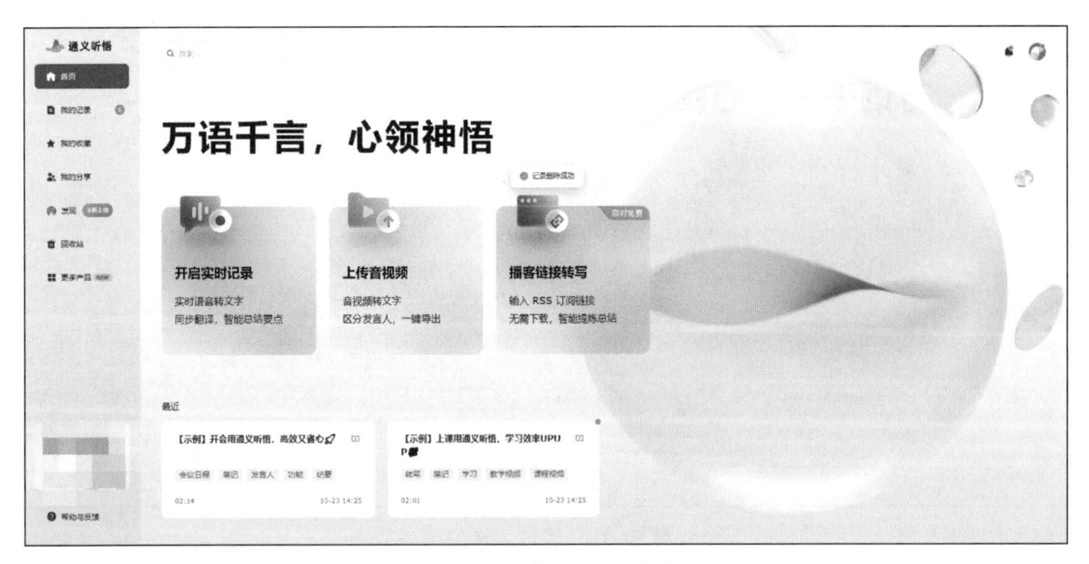

图 6-13　选择“上传音视频”模块

步骤 2：选择“上传本地音视频文件”，上传要识别的语音文件。在选项中，可以选择音视频语言的类型以及是否翻译，如果是多人对话，还可以区分发言人，如图 6-14 所示。

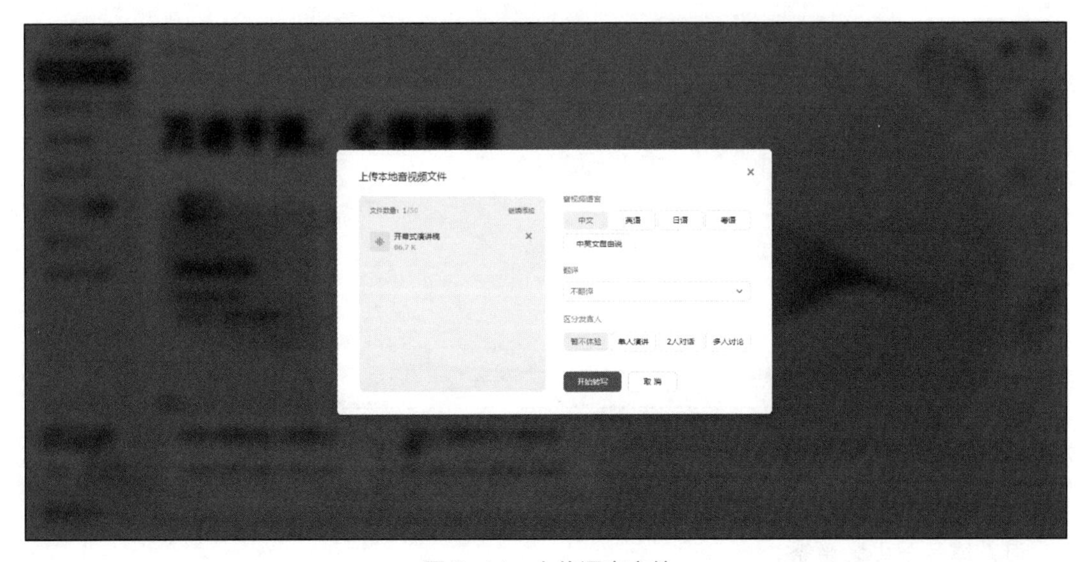

图 6-14　上传语音文件

步骤3：单击“开始转写”按钮，通义听悟即可将“开幕式演讲稿”音频文件识别为文字，如图6-15所示。

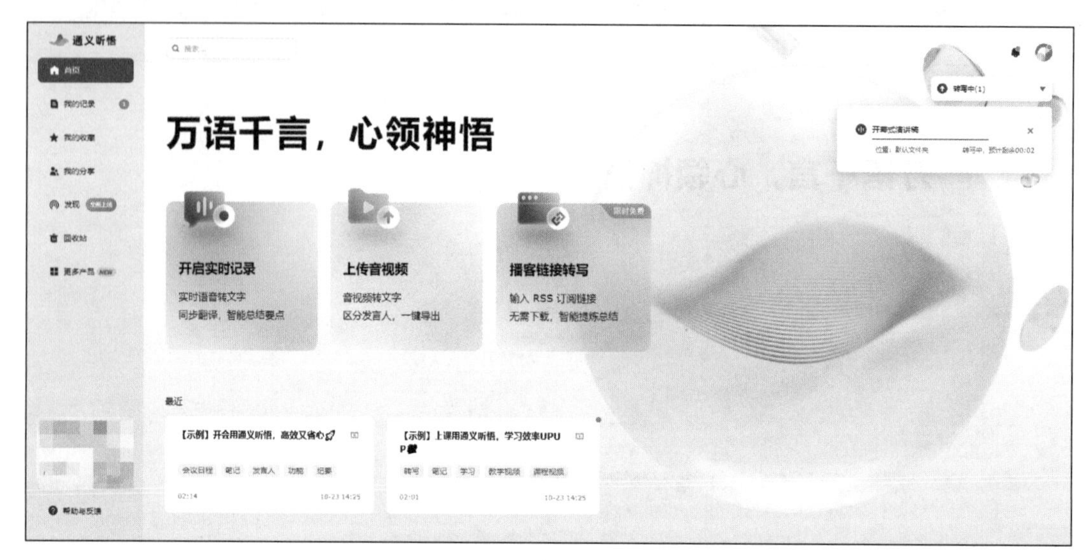

图6-15 进行语音识别

步骤4：单击左侧“我的记录”，找到识别的文件，如图6-16所示。

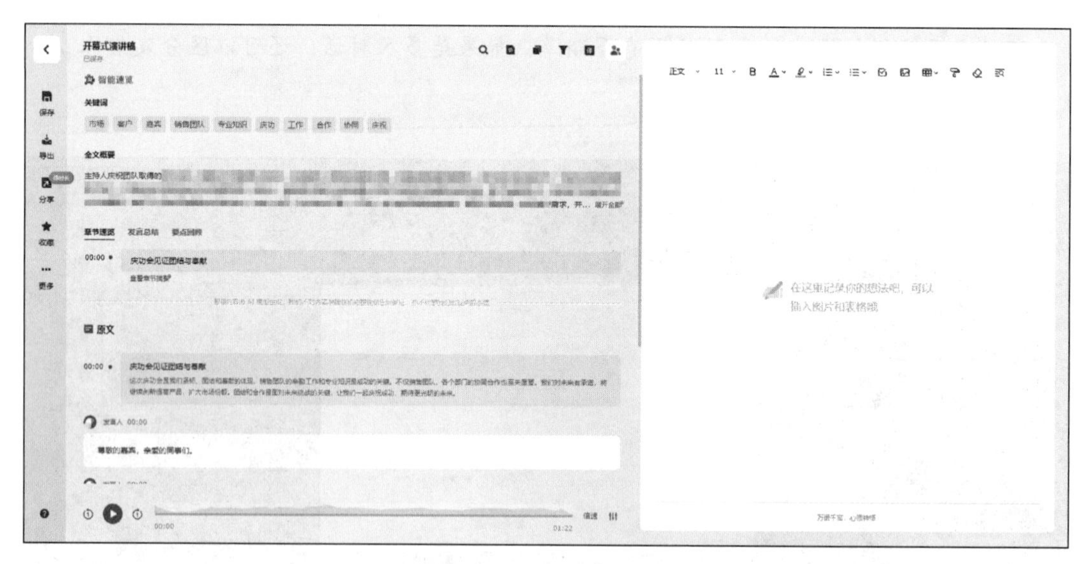

图6-16 语音识别结果

通过图6-16可以看出，通义听悟将语音文件的内容全部识别，并且提取关键词，编写全文概要等。

【操作提示】

1. 通义听悟允许同时上传50个文件。

2. 用户可以在识别的文档上进行操作，如边听语音边检查识别内容，标记重点，以及做笔记。

6.2 AIGC在音频创作中的应用

6.2.1 用AIGC工具生成语音播报

许多AIGC工具都具有语音播报功能，即朗读用户输入的文本内容。

【案例6–4】用AIGC工具生成语音播报

1. 腾讯智影

步骤1：进入腾讯智影主界面，选择“文本配音”模块，进入“未命名草稿”页面，如图6–17所示。

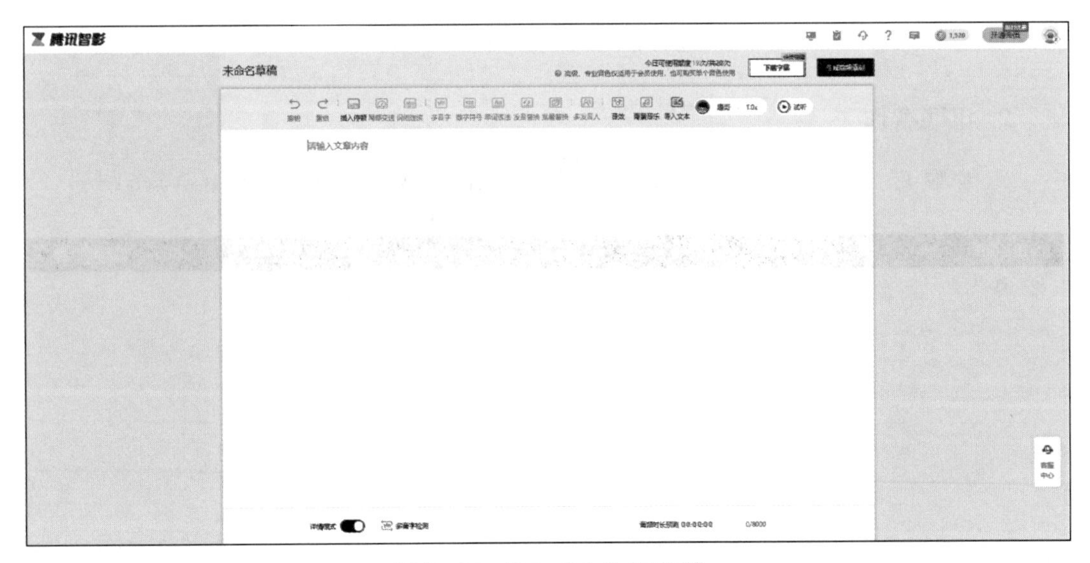

图6–17 进入“未命名草稿”

步骤2：将新产品发布会的演讲稿输入文本框，如图6–18所示。

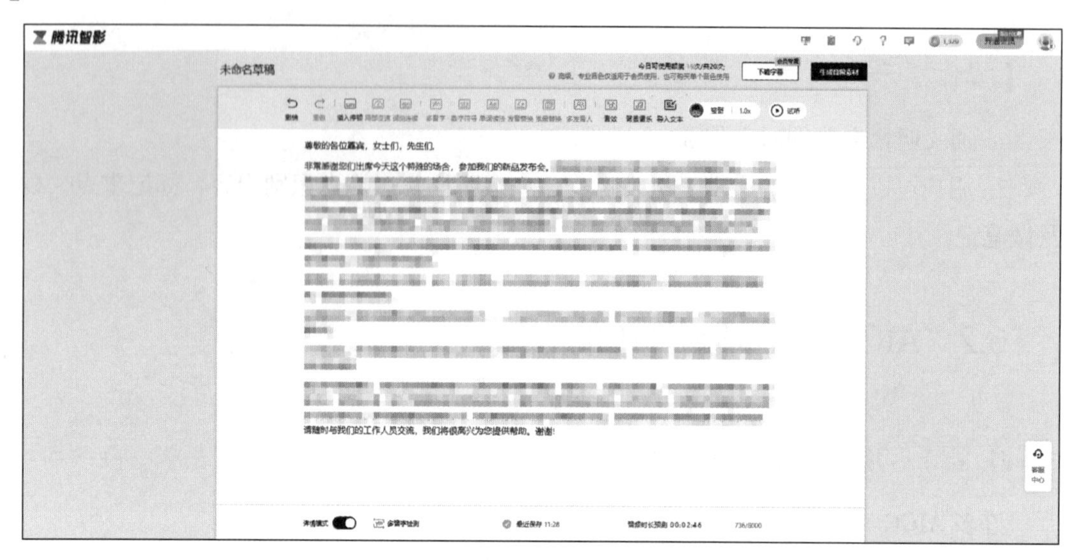

图 6-18　输入文本

步骤 3：单击“试听”按钮，腾讯智影即可生成语音播报。在播报过程中，可以单击“暂停”或“停止”按钮，停止语音播报。

【操作提示】

如果不是腾讯智影的会员，腾讯智影每天会提供 20 次的免费使用额度，生成音频文件会使用一次额度，生成语音播报不会使用额度。

2. 讯飞智作

步骤 1：进入讯飞智作的主界面，选择“AI+ 音频”模块，如图 6-19 所示。

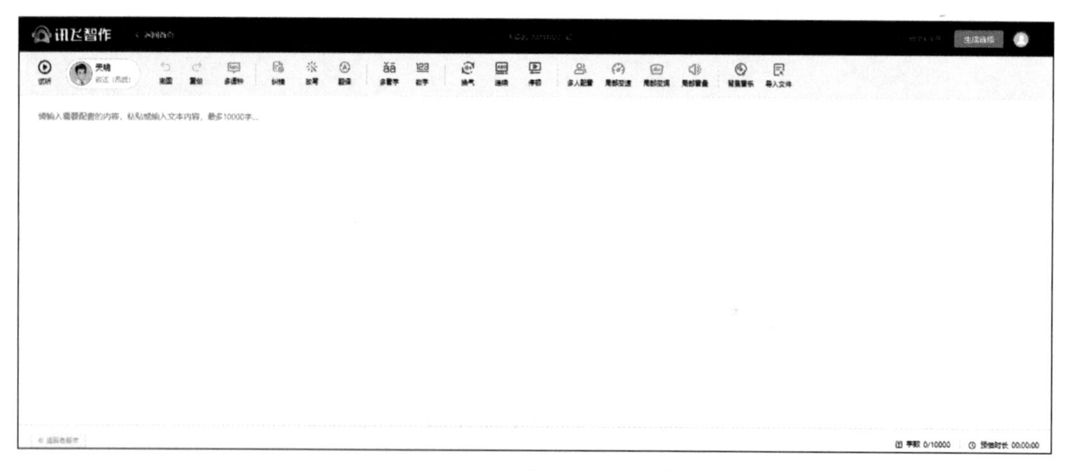

图 6-19　进入“AI+ 音频”模块

步骤2：将新产品发布会的演讲稿输入文本框。单击“试听”按钮，讯飞智作就可以生成语音播报，如图6-20所示。

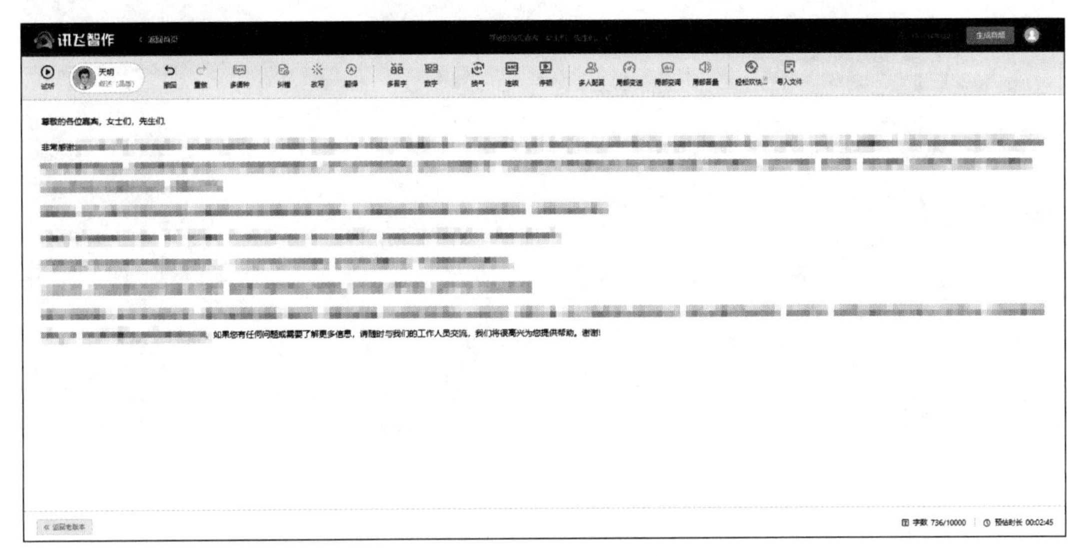

图6-20　生成语音播报

【工具选择】

LOVO、FakeYou、通义听悟等AIGC工具也可以生成语音播报。由于LOVO、FakeYou是外文网站，可以使用浏览器的网页翻译功能，将英文转化为中文。

6.2.2　用AIGC工具进行音频优化

用AIGC工具进行音频优化的方式包括替换音频的音色，在音频的不同位置插入停顿、音效、背景音乐，去除背景音等。

【案例6-5】用AIGC工具进行音频优化

1. FakeYou

步骤1：进入FakeYou主界面，选择左侧的“Voice to Voice”模块，对上传的音频进行优化，如图6-21所示。

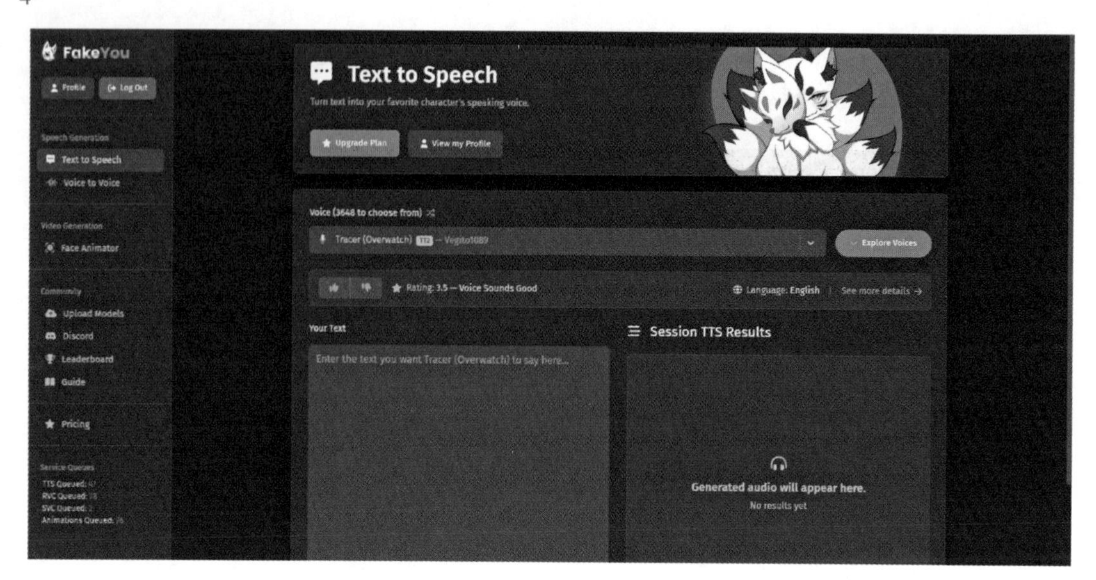

图 6-21　选择“Voice to Voice”模块

步骤 2：在“Choose Target Voice”功能下选择合适的音色。上传需要优化的音频，如图 6-22 所示。可以手动调节音频的音调、音量等。

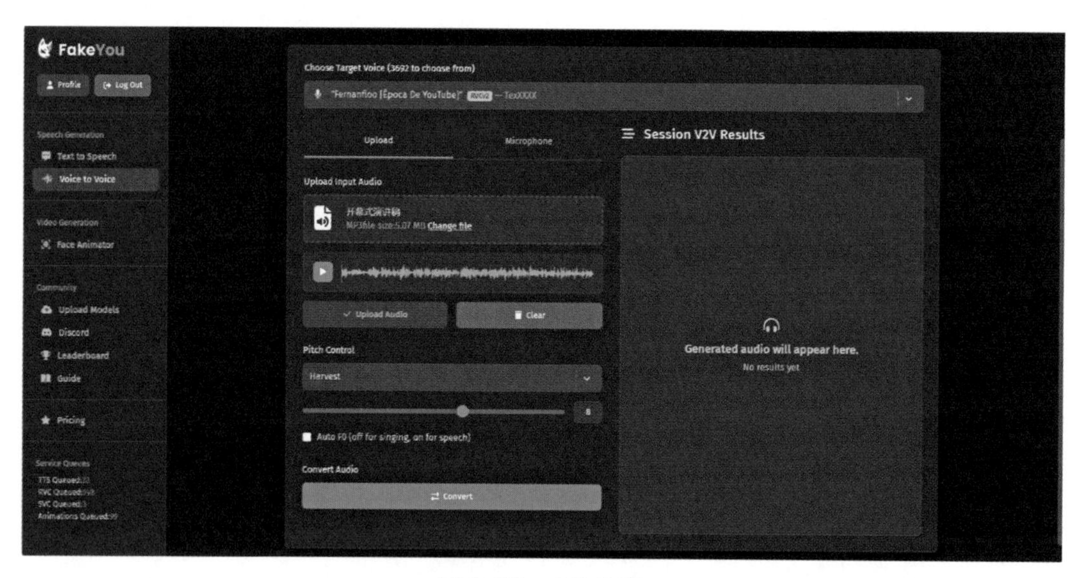

图 6-22　上传音频

步骤 3：单击“Convert”按钮，在“Session V2V Results”模块中看到优化后的音频文件，如图 6-23 所示。

步骤 4：单击“Download”按钮，可以将优化的音频文件下载到本地。

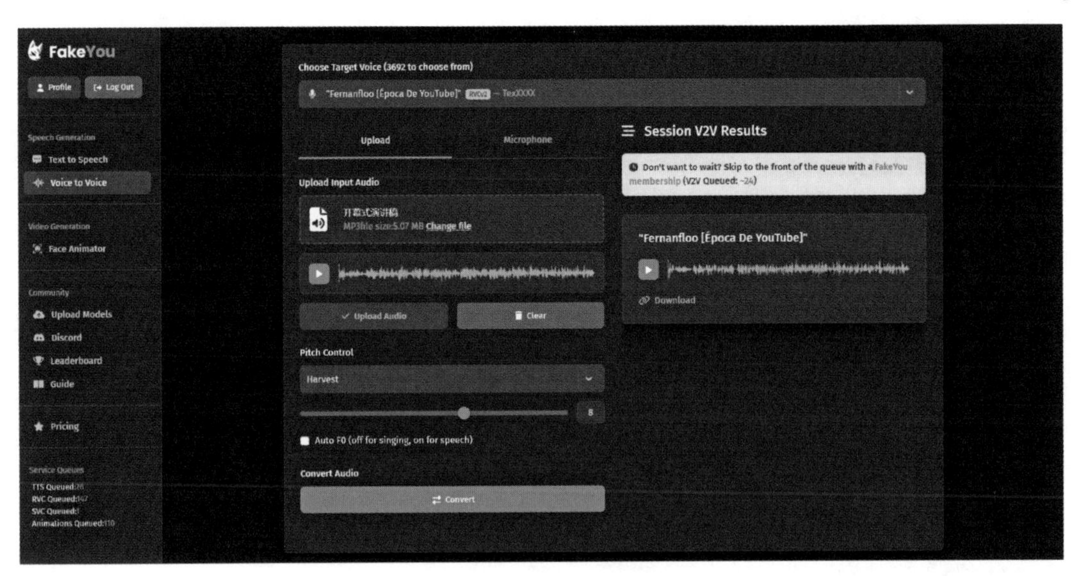

图 6-23　进行音频优化

【操作提示】

用 AIGC 工具进行音频优化的时间可能比较长，用户需要耐心等待。如果不想等待，可以成为会员。

2. 魔音工坊

魔音工坊进行音频优化的操作包括自动打轴、背景音处理、人声处理等。以下以背景音处理操作为例，介绍用魔音工坊进行音频优化。

步骤 1：进入魔音工坊主界面，选择“背景音处理”模块，如图 6-24 所示。

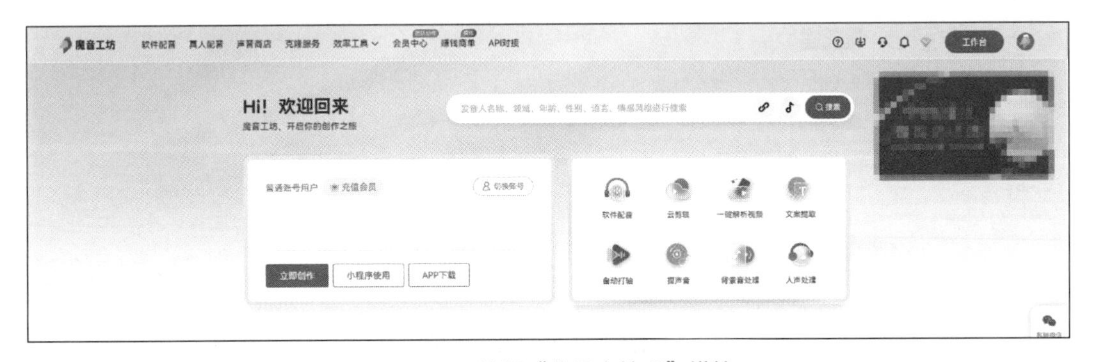

图 6-24　选择“背景音处理”模块

步骤 2：上传需要优化的音频文件，选择需要提取的内容和输出音频的文件格式，如图 6-25 所示。

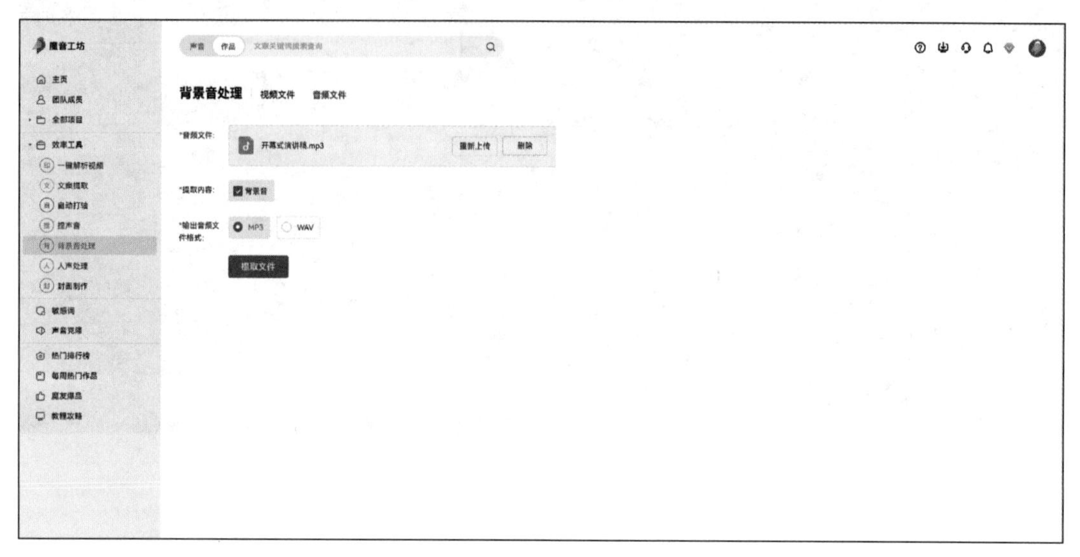

图 6-25　上传音频

步骤 3：单击“提取文件”按钮，下方出现“生成结果”，可以播放或下载优化的音频文件，如图 6-26 所示。

图 6-26　进行音频优化

6.3　AIGC 在音乐创作中的应用

6.3.1　用 AIGC 工具生成独特曲风

用 AIGC 工具可以生成独特曲风的音乐，包括民族风情、异域风情、古风等。常用的 AIGC 工具包括 BGM 猫、boomy 等。

【案例 6-6】用 AIGC 工具生成独特曲风

1. BGM 猫

步骤 1：进入 BGM 猫的主界面，选择“片头音乐”模块，如图 6-27 所示。

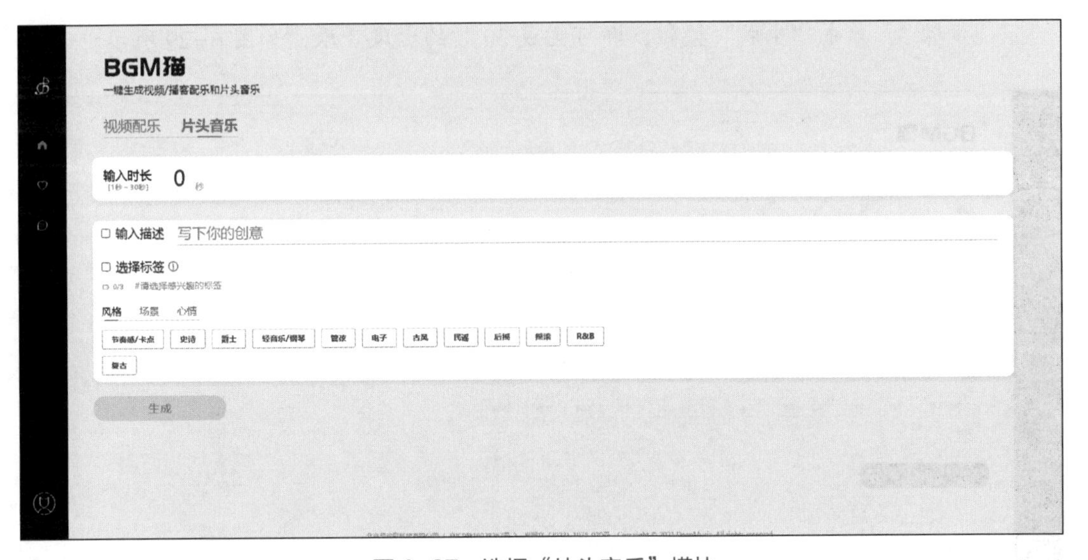

图 6-27　选择“片头音乐”模块

步骤 2：输入要生成音乐的时长，填写创意，选择跟音乐相关的标签，如图 6-28 所示。

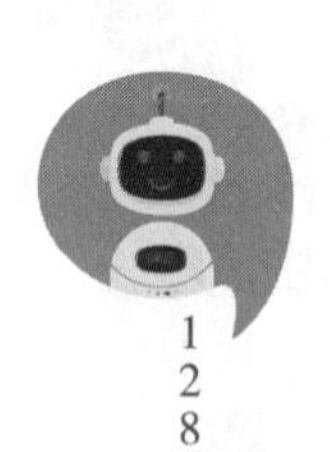

图 6-28 设置参数

步骤 3：单击“生成”按钮，即可生成 30 秒的古风音乐，如图 6-29 所示。

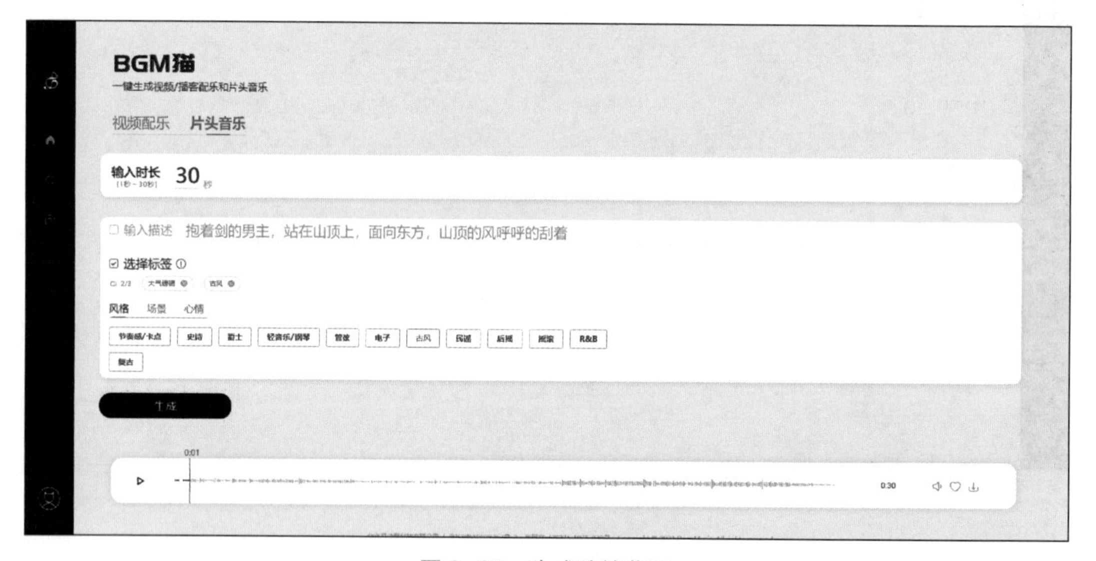

图 6-29 生成独特曲风

【操作提示】

用 AIGC 工具生成的音乐一般都是有版权的。用 BGM 猫生成的音乐可以试听，但不支持免费下载，需要成为会员或支付单曲使用的费用。

2. boomy

步骤1：进入boomy主界面，如图6-30所示。

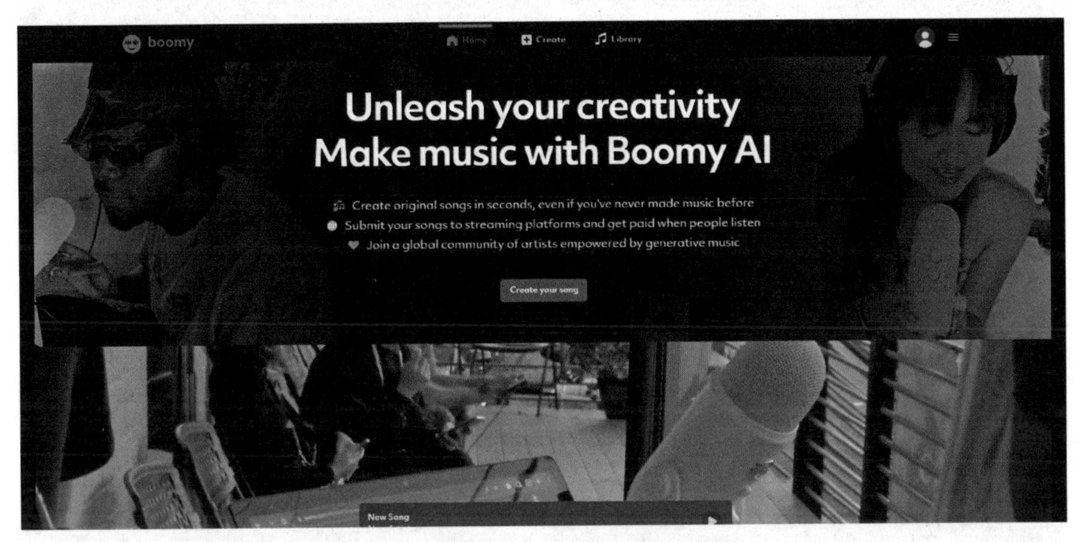

图6-30 进入主界面

步骤2：选择“Create”模块下“Song”，进入创建音乐选项，选择“Custom”，如图6-31所示。

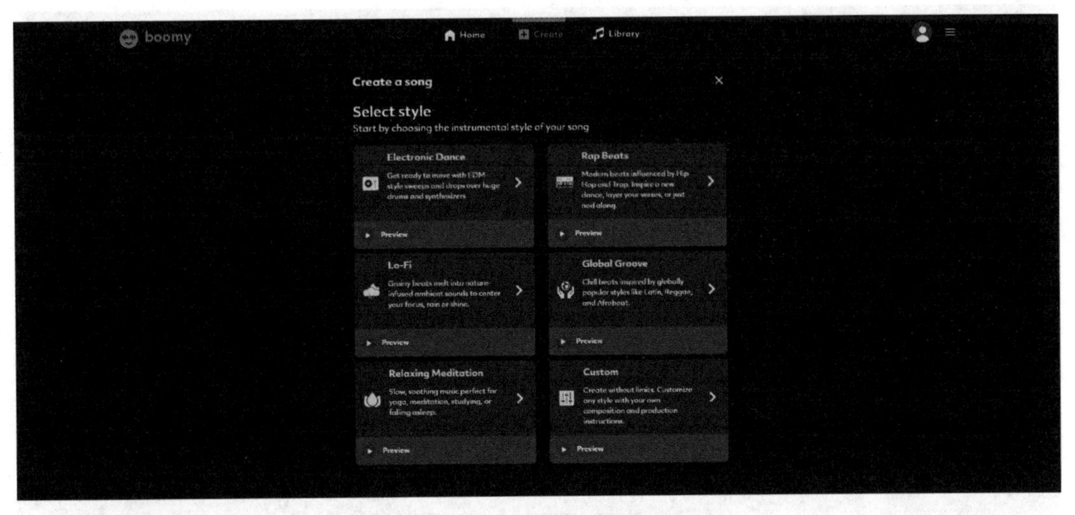

图6-31 选择“Custom”

步骤3：在“Custom”页面中，选择音乐的风格、乐器、鼓声、音效等，如图6-32所示。

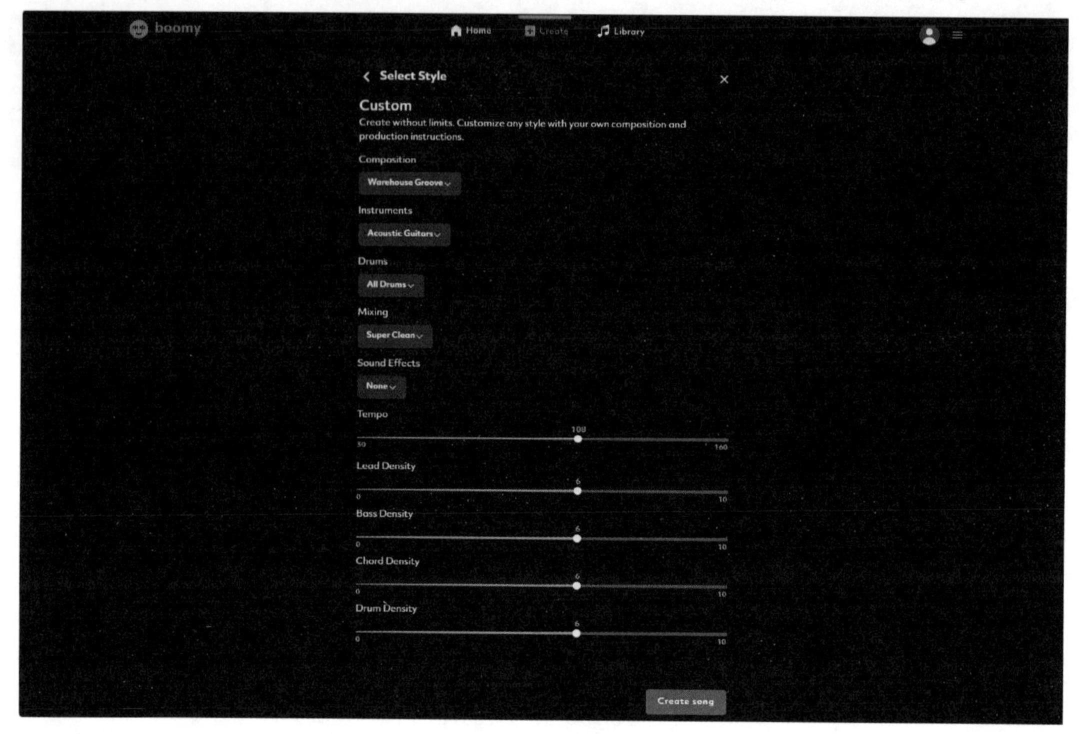

图 6-32　设置参数

步骤 4：单击“Create song”按钮，生成音乐，如图 6-33 所示。

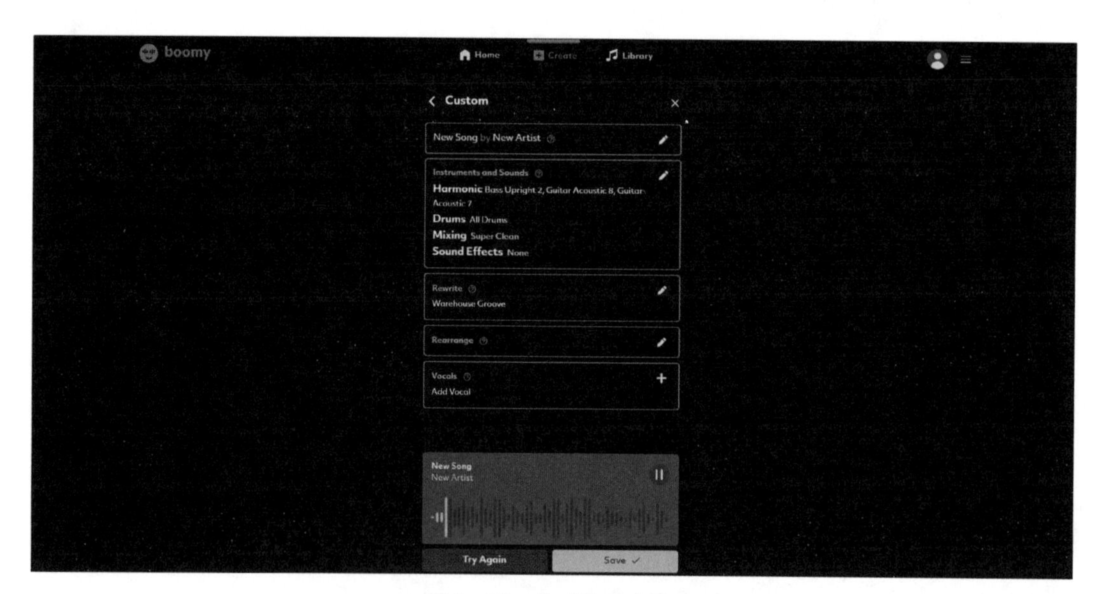

图 6-33　生成独特曲风

步骤5：填写音乐和创作者的名字。单击“Save”按钮，保存生成的音乐。

在试听的时候，如果对曲风不满意可以修改选项，重新生成。

6.3.2 用AIGC工具生成优美旋律

【案例6-7】用AIGC工具生成优美旋律

用Mubert可以生成优美的旋律。

步骤1：进入Mubert主界面，单击“Generate a track now”按钮，如图6-34所示。

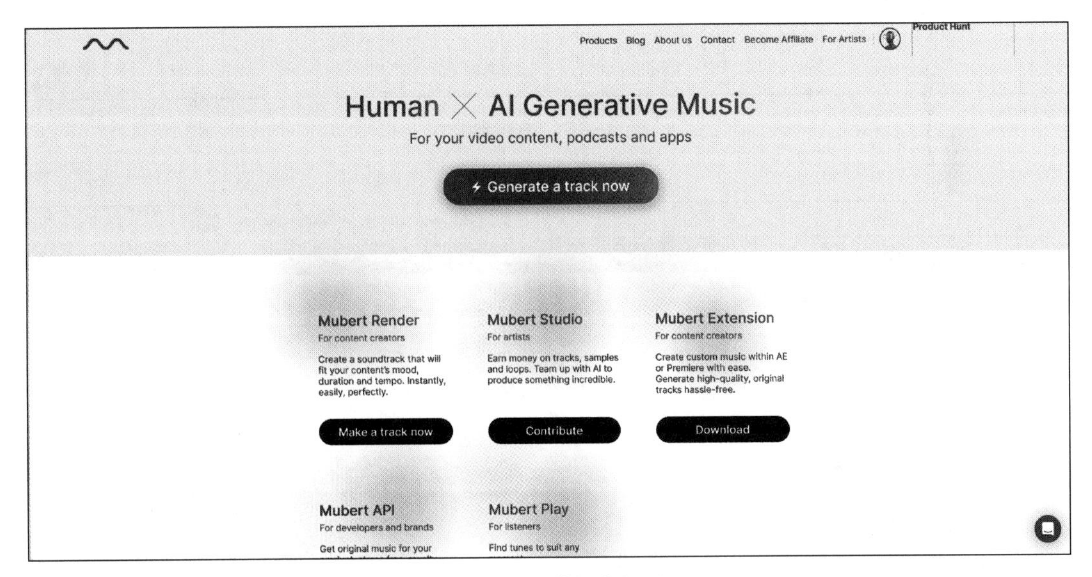

图6-34 进入主界面

步骤2：在“Enter prompt or upload image”文本框输入AI提示词或者上传图片。在“Set type”中选择音乐类型，在“Set duration”中设置音乐时间，如图6-35所示。

步骤3：单击“Generated track”按钮即可生成优美的旋律，如图6-36所示。

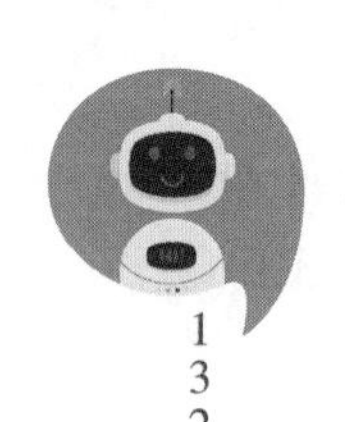

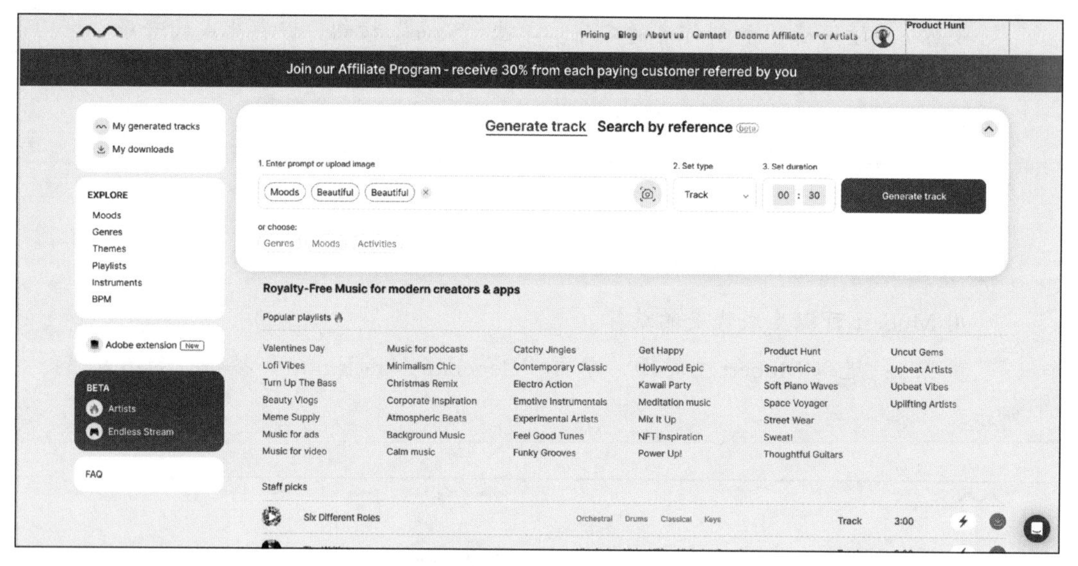

图 6-35　设置参数

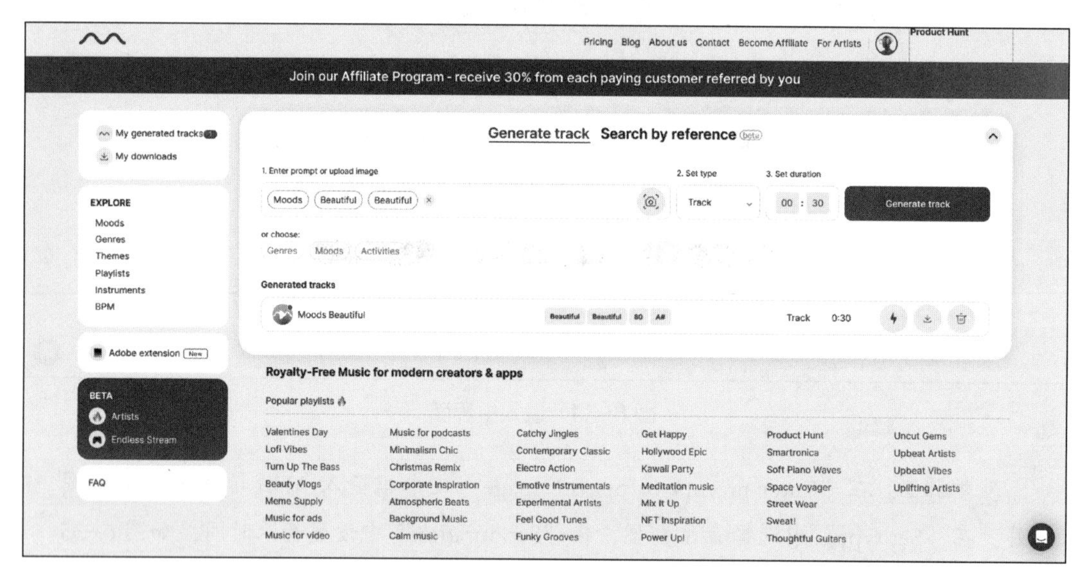

图 6-36　生成优美旋律

【操作提示】

输入的 AI 提示词必须是英文，单击“Genres”“Moods”“Activities”按钮，给出相应的 AI 提示词。

6.3.3 用AIGC工具进行歌词替换

用AIGC工具进行歌词替换，使歌词与整体的音乐风格、曲风、旋律等更加协调。

【案例6-8】用AIGC工具进行歌词替换

1. TME Studio

TME Studio是由腾讯音乐娱乐公司推出的一款在线音乐创作助手，提供包括但不限于音乐分离、MIR计算、辅助写词、智能曲谱等创作工具。

步骤1：进入TME Studio主界面，选择“辅助写词”模块，如图6-37所示。

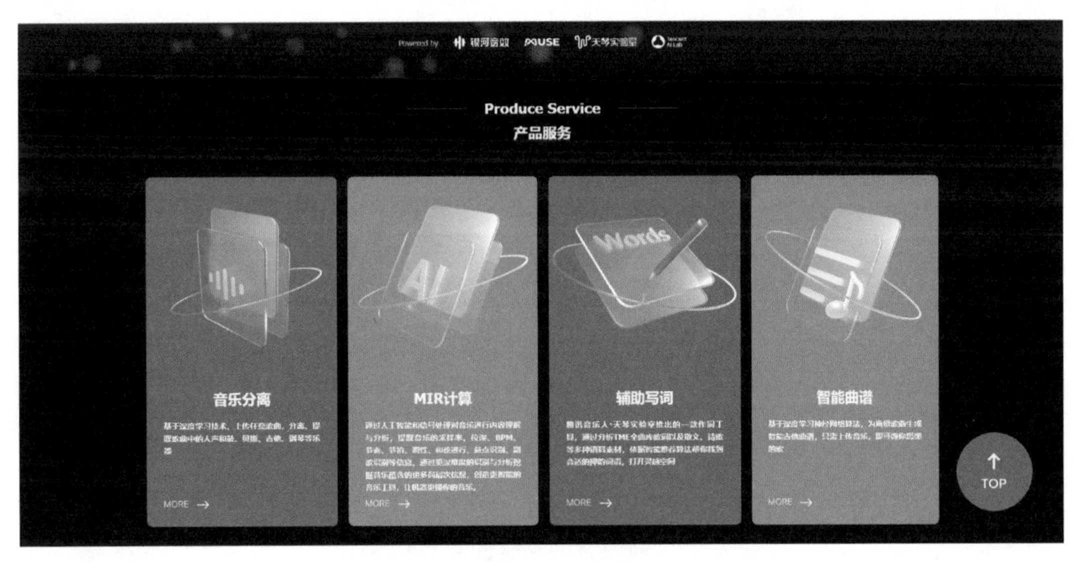

图6-37　进入主界面

步骤2：进入“辅助写词”模块，在“押韵”选项下输入中文词语，TME Studio会推荐相关押韵词语（见图6-38）；在“联想”选项下输入中文词语，TME Studio会推荐相关联想词语（见图6-39）。

2. 豆包

豆包是字节跳动推出的一款AIGC工具，提供聊天机器人、写作助手以及英语学习助手等功能。用户可以在豆包中输入需要替换的歌词，然后提出替换要求。

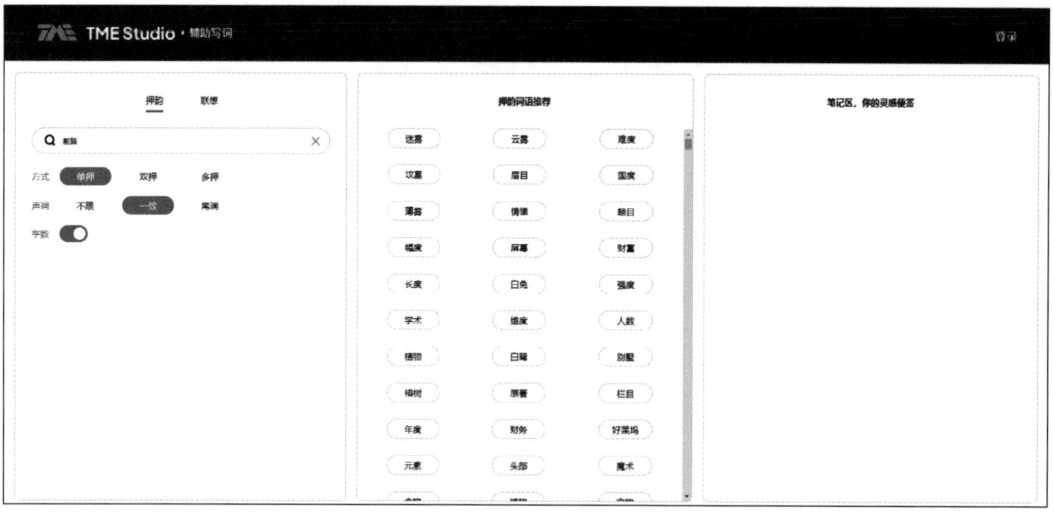

图 6-38　设置押韵选项

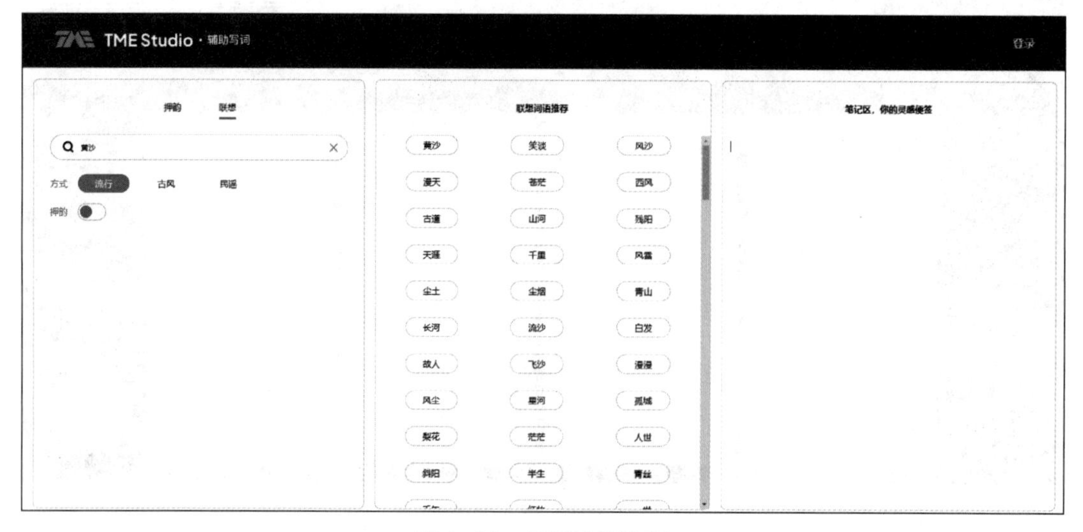

图 6-39　设置联想选项

【用户提问】

部分歌词为“踽踽独行，形单影只；漫漫长夜，孤独侵袭；没有人在乎，我心中的脆弱；只能独自舔舐，伤口的疼痛”。请将“没有人在乎，我心中的脆弱；只能独自舔舐，伤口的疼痛”替换为 16 个字，但是意思与原来相同。

【豆包回答】

好的，以下是根据你的需求生成的歌词：

无人在意，心脆如璃；独自疗伤，痛彻心扉。

（以上内容由豆包生成，未改动）

【工具选择】

ChatGPT、文心一言、360 智脑、讯飞星火认知大模型等 AIGC 工具都可以进行歌词替换。

6.3.4 用 AIGC 工具生成混音效果

【案例 6–9】用 AIGC 工具生成混音效果

用 Mubert 可以生成混音效果。

步骤 1：进入 Mubert 主界面，如图 6–40 所示。

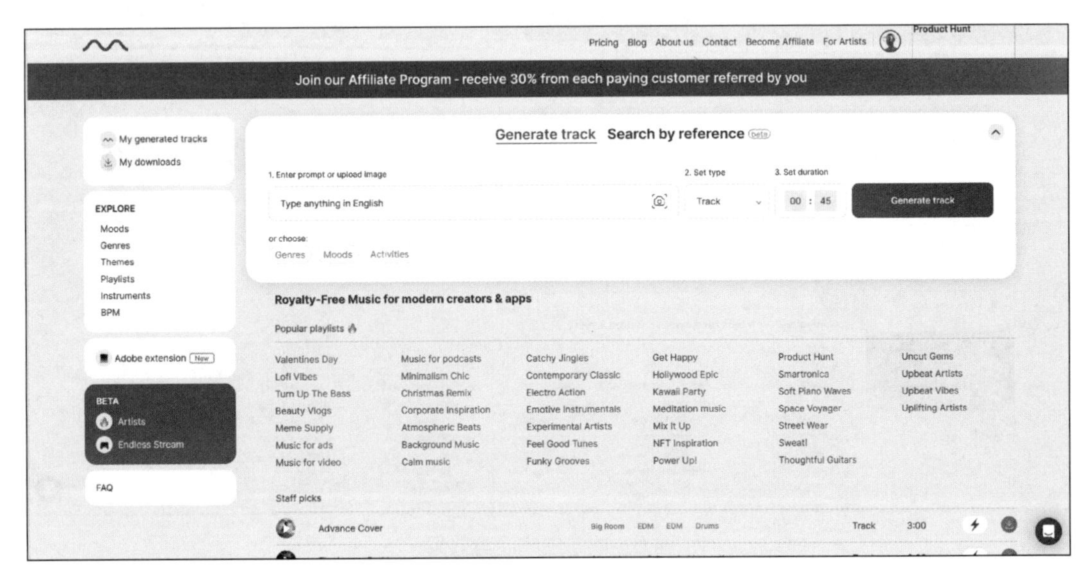

图 6–40　进入主界面

步骤 2：在文本框中输入关键词，对混音效果、音乐时长等参数进行设置，如图 6–41 所示。

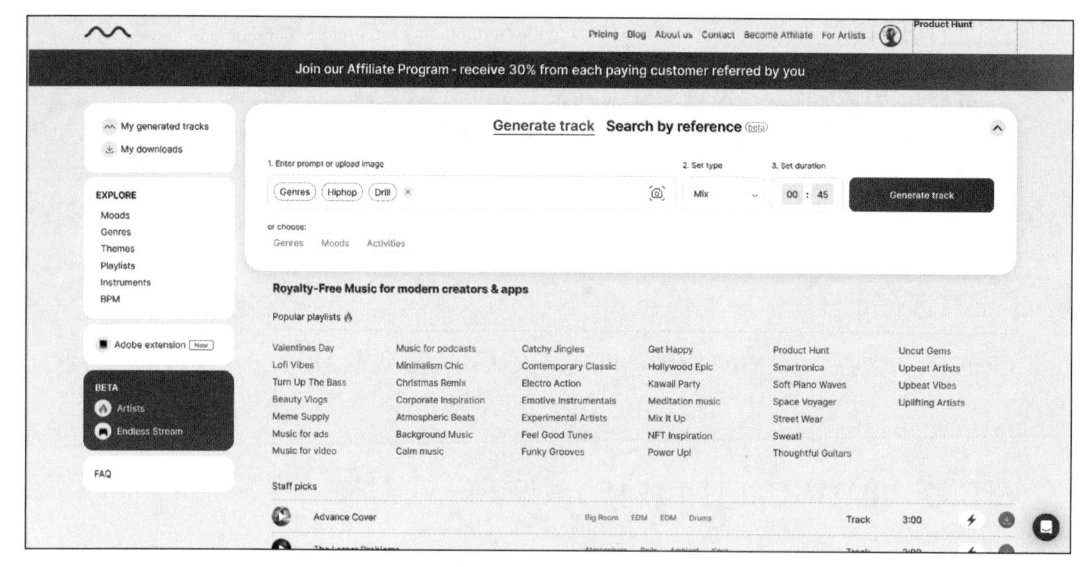

图 6-41 设置参数

步骤 3：单击“Generate track”按钮，即可生成混音效果，如图 6-42 所示。

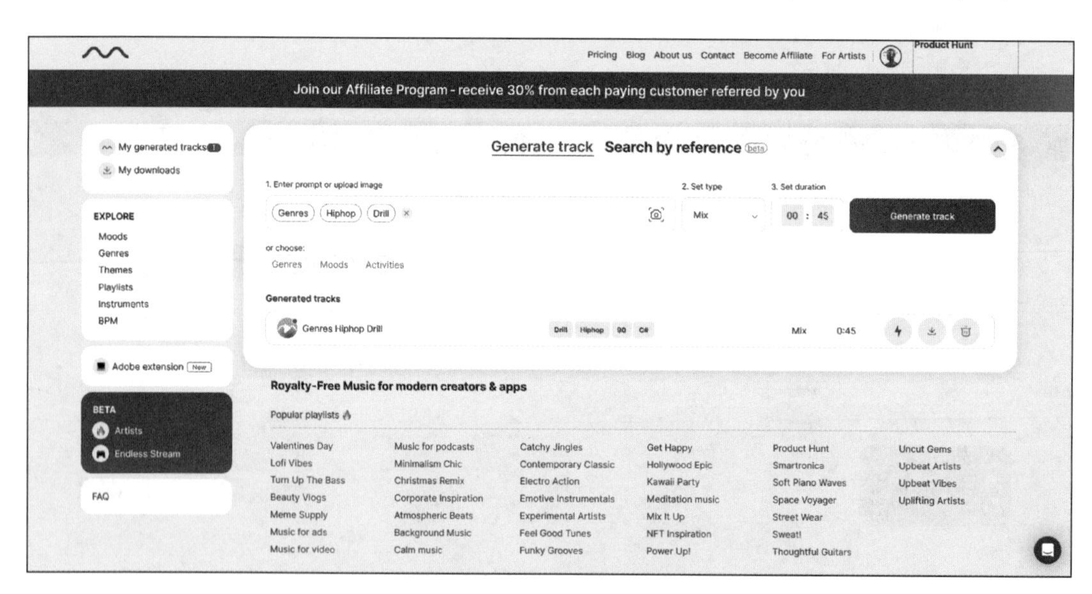

图 6-42 生成混音效果

第7章 AIGC与数据内容

7.1 AIGC 在数据挖掘与预测中的应用

7.1.1 用 AIGC 工具进行数据建模

AIGC 工具可以自动处理数据，减少人工干预，提高数据处理的效率和准确性；可以通过机器学习等技术，可以对数据进行分类、清洗、分析等操作，提高数据的质量和可用性；可以通过不断优化模型，更好地发现数据的模式和规律，提高数据建模的效果。

AIGC 工具可以处理多种类型的数据，如文本、图像、语音等，以提供更加全面的和准确的数据建模支持。通过对不同类型数据的整合和分析，可以更好地理解用户的需求和行为，为数据建模提供更多的维度和信息。

【案例 7–1】用 AIGC 工具进行数据建模

【用户提问】

下表是某著名手机品牌供应链中的一家配件公司第三季度的一部分财务报告，根据主要会计数据和财务指标生成财务比率分析模型。

主要会计数据和财务指标

币种：人民币

项目	本报告期	本报告期比上年同期增减幅度（%）	年初至报告期末	年初至报告期末比上年同期增减幅度（%）
营业收入（元）	637 254.58	–27.12	13 294.84	–12.27
归属于上市公司股东的净利润（元）	47 944.18	11.84	3 258.55	5.53
归属于上市公司股东的扣除非经常性损益的净利润（元）	12 111.61	–64.47	–42 909.95	—

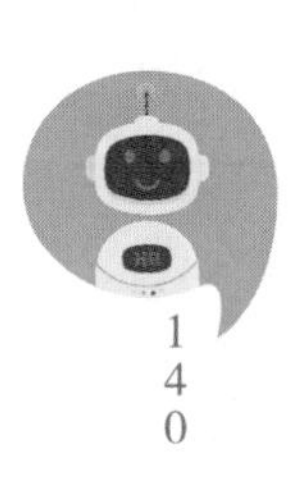

续表

项目	本报告期	本报告期比上年同期增减幅度（%）	年初至报告期末	年初至报告期末比上年同期增减幅度（%）
经营活动产生的现金流量净额（元）	—	—	778 552.73	–65.08
基本每股收益（元 / 股）	0.01	0.00	0.02	0.00
稀释每股收益（元 / 股）	0.01	0.00	0.02	0.00
加权平均净资产收益率（%）	0.55	0.05	1.45	0.05

项目	本报告期末	上年度末	本报告期末比上年度末增减幅度（%）
总资产（元）	99 747 770.06	95 209 586.02	4.76
归属于上市公司股东的所有者权益（元）	13 425 779.32	12 915 375.26	3.95

【文心一言回答】

根据提供的财务信息，我们可以进行财务比率分析模型的建模。下面是根据主要会计数据和财务指标计算出的财务比率：

1. 盈利能力比率：

营业利润率 = 营业利润 / 营业收入 = 归属于上市公司股东的净利润 / 营业收入 =0.03%

净利润率 = 净利润 / 营业收入 = 归属于上市公司股东的净利润 / 营业收入 = 0.05%

基本每股收益 = 归属于上市公司股东的净利润 / 总股本 =0.01 元 / 股

稀释每股收益 = 归属于上市公司股东的净利润 / 稀释总股本 =0.01 元 / 股

加权平均净资产收益率 = 归属于上市公司股东的净利润 / 加权平均净资产 = 1.45%

2. 偿债能力比率：

流动比率 = 流动资产 / 流动负债

速动比率 =（流动资产 − 存货）/ 流动负债

资产负债率 = 总负债 / 总资产

3. 运营效率比率：

总资产周转率 = 营业收入 / 总资产

应收账款周转率 = 营业收入 / 应收账款平均余额

存货周转率 = 营业成本 / 存货平均余额

4. 现金流量比率：

现金流量净额 / 营业收入 = 经营活动产生的现金流量净额 / 营业收入

现金流量净额 / 净利润 = 经营活动产生的现金流量净额 / 归属于上市公司股东的净利润

现金流量净额 / 流动负债 = 经营活动产生的现金流量净额 / 流动负债

现金流量净额 / 总负债 = 经营活动产生的现金流量净额 / 总负债

5. 所有者权益比率：

所有者权益 / 总资产 = 归属于上市公司股东的所有者权益 / 总资产

每股净资产 = 归属于上市公司股东的所有者权益 / 总股本

资本保值增值率 = 本期所有者权益总额 / 上期所有者权益总额

根据上述比率分析，可以看出该公司的盈利能力、偿债能力和运营效率都存在较大的问题。具体来说，营业利润率和净利润率非常低，说明公司的盈利能力很弱；同时，经营活动产生的现金流量净额为负数，说明公司的现金流状况不佳，可能存在资金链断裂的风险。此外，公司的总资产周转率和应收账款周转率等运营效率指标也不尽如人意。因此，该公司的财务状况需要引起关注，需要进行进一步的财务分析和经营策略调整。

（以上内容由文心一言生成，未改动）

用文心一言根据上述数据和指标生成的财务比率分析模型在全面性和易理解性方面表现较好，覆盖面广。前面的提问思路是基于数据特性和任务描述进行数据建模。还有如下所示的另一种提问思路，即用 AIGC 工具根据任务需求进行数据建模。

【用户提问】

×××机器制造有限公司是一家传统的制造型企业，随着时代的发展和科技

进步，他们的生产业务急需改造。改造的主要目标是提高生产效率、降低成本、提高产品质量和客户满意度。为此，该公司需要建立一个数据模型，以支持生产管理、销售预测、库存管理等方面的高效运作。请根据上述内容，为 ××× 机器制造有限公司进行数据建模。

【操作提示】

用 AIGC 工具进行数据建模一般包括数据收集、数据清洗、数据预处理、模型选择、模型训练 5 个操作步骤。

1. 数据收集

数据收集是数据建模的第一步，数据可以有不同的来源和不同的格式。

2. 数据清洗

收集的数据可能存在重复、缺失、异常值等问题，需要进行数据清洗，以保证数据的质量和准确性。

3. 数据预处理

将收集的数据进行预处理，包括数据归一化、标准化及去除无关变量等操作，以使模型更容易被理解和解释。

4. 模型选择

根据问题的特点和数据的特性，选择合适的模型进行数据建模。文心一言提供了多种不同的模型，包括线性回归、决策树、神经网络等，可以根据需要选择合适的模型。

5. 模型训练

用文心一言进行数据建模，需要输入训练数据，设置合适的超参数，进行模型训练。

7.1.2 用 AIGC 工具进行数据挖掘

AIGC 工具可以通过自然语言处理等技术，从大量的文本、图片等非结构化数据中提取有用的信息，提高数据挖掘的效率和准确性，帮助企业更快地了解客户需求和市场趋势，以做出更明智的决策。

AIGC 工具可以将数据以更加直观的方式呈现出来，如图表、图像等，提高数据的可读性和易用性。通过数据可视化，企业可以更加清晰地了解数据的特点和趋势，以便更好地做出决策。

AIGC 工具可以通过对多维度数据的深度关联分析，发现数据之间的潜在联系和规律，帮助企业更好地理解数据内容，为决策提供更加全面和准确的信息。

【案例 7-2】用 AIGC 工具进行数据挖掘

【用户提问】

下表是从某新能源汽车上游供应商的财务报表中节选的部分内容，请对财务数据进行分析，挖掘重要信息，协助管理决策的制定工作。

合并现金流量表（2023 年 1—9 月）

单位：元

项目	2023 年前三季度（1—9 月）	2022 年前三季度（1—9 月）
一、经营活动产生的现金流量		
销售商品、提供劳务收到的现金	353 786 789.62	438 351 768.66
收到的税费返还	12 425 136.25	125 272 338.76
收到其他与经营活动有关的现金	36 257 295.46	24 359 630.12
经营活动现金流入小计	402 469 221.33	587 983 737.54
购买商品、接受劳务支付的现金	291 139 921.23	278 078 659.50
支付给职工及为职工支付的现金	43 059 493.10	43 249 354.47
支付的各项税费	17 037 613.07	13 751 791.01
支付其他与经营活动有关的现金	7 439 651.20	15 758 143.91
经营活动现金流出小计	358 676 678.60	350 837 948.89
经营活动产生的现金流量净额	43 792 542.73	237 145 788.65
二、投资活动产生的现金流量		
……		

【讯飞星火认知大模型回答】

以下是对所提供的财务数据进行分析并挖掘的一些重要信息，这些信息可以协助管理决策的制定工作：

经营活动产生的现金流量分析：

1. 销售商品、提供劳务收到的现金减少：2023 年前三季度与 2022 年同期相比，销售商品、提供劳务收到的现金减少了 84 564 979.04 元（约 8.46%）。这可能表明市场需求下降、竞争加剧或产品价格调整等因素影响了销售收入。管理层应关注销售策略的调整和市场趋势，以应对收入下降的挑战。

2. 收到的税费返还大幅减少：税费返还从 2022 年前三季度的 125 272 338.76 元锐减至 2023 年同期的 12 425 136.25 元，减少了约 90.5%。这种显著减少可能是由于税收政策变化或公司纳税结构调整所致。管理层需要与税务部门沟通，了解政策变化并评估对公司现金流的影响。

3. 经营活动现金流入和流出均增加，但净额减少：经营活动现金流入从 2022 年前三季度的 587 983 737.54 元增加到 2023 年同期的 402 469 221.33 元，而现金流出也从 350 837 948.89 元增加到 358 676 678.60 元。然而，经营活动产生的现金流量净额却从 237 145 788.65 元大幅减少至 43 792 542.73 元，减少了约 81.5%。这表明公司在经营活动中产生的现金盈余减少，可能需要更加关注成本控制和现金管理。

4. 支付给职工及为职工支付的现金基本持平：支付给职工及为职工支付的现金在 2022 年和 2023 年前三季度基本保持一致，表明公司在人力资源投入方面保持稳定。

建议的管理决策：

1. 销售和市场策略调整：鉴于销售收入下降，管理层应重新评估市场趋势和竞争态势，调整销售策略，例如通过推出新产品、拓展新市场或加大营销投入来提升销售业绩。

2. 成本管理和效率提升：面对经营活动现金流量净额的减少，公司应加强成本管理，通过优化采购、减少浪费和提高生产效率等措施降低成本。同时，优化现金管理，确保足够的现金流来支持运营和扩展。

3. 税务规划和合规性：鉴于税费返还的大幅减少，管理层应与税务部门保持沟通，了解相关政策的最新变化，并评估对公司财务和现金流的影响。此外，确保公司税务合规，避免潜在的税务风险。

4. 投资和筹资策略：虽然投资活动产生的现金流量未在表格中完整显示，但管理层在制定投资和筹资策略时应综合考虑公司的现金流状况、市场机会和资本成本等因素。

以上分析提供了对公司财务状况的一些初步洞察和建议的管理决策方向。然而，请注意这些分析仅基于所提供的有限数据，更全面的决策需要更多详细的财务和业务信息。

（以上内容由讯飞星火认知大模型生成，未改动）

上面的数据是一个不完整的合并现金流量表，缺少了投资活动产生的现金流量部分的内容。对于经营活动产生的现金流量，讯飞星火认知大模型注意到了该供应商的销售收入和现金流入有所减少，这可能意味着该供应商在市场上面临一些挑战。同时通过控制成本和优化经营，该供应商的经营活动产生的现金流量净额有所增加，这也表明该供应商的财务状况正在改善。

【操作提示】

1. 定义明确的目标

在用 AIGC 工具进行数据挖掘之前，需要明确目标，有助于确保 AIGC 工具与业务目标保持一致，并满足目标受众的需求。

2. 选择正确的数据集

AIGC 工具依赖于数据输入生成内容，因此选择与生成内容相关的且可靠的数据集非常重要，有助于确保 AIGC 工具生成准确和高质量的内容。

3. 训练大模型算法

为了获得最佳生成内容，需要使用与业务或行业相关的特定数据集和输入，训练大模型算法。

4. 优化模型参数

根据训练数据和业务需求，需要不断调整和优化模型参数，以获得最佳的生成内容。

7.1.3 用 AIGC 工具预测数据趋势

AIGC 工具可以利用大数据和机器学习算法，对大量历史数据进行深入挖掘和分析，从而预测数据趋势。通过建立高精度的预测模型，可以更加准确地预测数据趋势，帮助企业做出更加明智的决策。

AIGC 工具可以对数据进行实时监测，及时发现市场变化和风险，为企业提供实时反馈和预警，使企业可以更加及时地应对市场变化和风险，避免损失。

AIGC 工具可以整合多种数据源，包括企业内部数据、外部数据、竞争对手数据等，进行全面的数据趋势分析和预测；可以通过多种数据源整合，更加全面地了解市场和行业情况，提高预测的准确性和可靠性。

AIGC 工具可以通过自动化决策支持系统，根据预测结果和实时数据，自动生成决策建议和行动计划，提高决策的效率和准确性，帮助企业更加快速地应对市场变化和风险。

【案例 7–3】用 AIGC 工具预测数据趋势

【用户提问】

2021 年，中国汽车产销分别完成 2 608.2 万辆和 2 627.5 万辆，同比分别增长 3.4% 和 3.8%。

2022 年，中国汽车产销分别完成 2 702.1 万辆和 2 686.4 万辆，同比分别增长 3.4% 和 2.1%。

2021 年，中国新能源汽车的销量达到了 350.88 万辆，全年渗透率达到 13.4%。其中，纯电动汽车销量为 291.44 万辆，占据了全年新能源汽车销量的 82.9%。

2022 年，中国新能源汽车销量达到 689.86 万辆，全年渗透率提高至 25.6%，较 2021 年提升 12.1 个百分点。其中，纯电动汽车的销量为 535.31 万辆，占新能源汽车销量的 77.73%。

数据显示，2021 年中国汽车市场燃油汽车总销量为 1 816.19 万辆。2022 年燃油汽车总销量为 1 525.29 万辆，一年减少 291 万辆。

以上内容是中国汽车市场 2021 年和 2022 年的部分销售数据，请根据新能源汽车和燃油汽车的销售数据，对两者未来的市场份额变化趋势进行合理的预测。

【文心一言回答】

根据给出的 2021 年和 2022 年中国汽车市场中的新能源汽车和燃油汽车的销

售数据，我们可以观察到以下几个趋势：

1. 新能源汽车销量快速增长：从2021年的350.88万辆增长到2022年的689.86万辆，增长率高达96.6%。同时，新能源汽车的市场渗透率也从2021年的13.4%提升至2022年的25.6%，表明新能源汽车在中国汽车市场中的份额正在迅速扩大。

2. 燃油汽车销量下降：相比之下，燃油汽车的销量在同一时期内呈现出下降趋势。从2021年的1 816.19万辆下降到2022年的1 525.29万辆，销量减少了291万辆。这反映出燃油汽车市场可能正面临来自新能源汽车的竞争压力。

3. 纯电动汽车主导新能源汽车市场：在新能源汽车中，纯电动汽车的销量占据了主导地位。2021年，纯电动汽车销量占新能源汽车销量的82.9%，而2022年这一比例虽略有下降，但仍高达77.73%。这表明纯电动汽车在新能源汽车市场中的受欢迎程度较高。

基于以上数据和分析，我们可以对新能源汽车和燃油汽车未来的市场份额变化趋势进行以下预测：

1. 新能源汽车市场份额将继续增长：随着技术的进步、消费者环保意识的提高以及政府对新能源汽车的政策支持，预计新能源汽车的市场份额将继续保持增长势头。特别是纯电动汽车，由于其零排放、低能耗和高能效等特点，可能会成为未来汽车市场的主流。

2. 燃油汽车市场份额可能进一步下降：面对新能源汽车的强劲增长势头，燃油汽车市场可能会继续受到压缩。特别是在城市地区，随着环保政策的收紧和消费者对环保出行方式的青睐，燃油汽车的市场份额可能会进一步下降。

然而，需要注意的是，汽车市场是一个复杂多变的领域，受到多种因素的影响。因此，以上预测仅基于当前数据和趋势进行的分析，未来实际情况可能会有所不同。

（以上内容由文心一言生成，未改动）

文心一言预测的数据趋势是基于已有的数据进行的，反映了中国汽车市场的实际情况和发展趋势。同时也考虑了可能存在的风险和不确定性因素，如政策变化、技术进步和市场环境等因素。总地来说，数据趋势预测在很大程度上是合理的和准确的。

【操作提示】

1. 收集市场销售额相关的历史数据，并进行数据清洗和分析。在这一过程中，需要确定数据的来源和准确性，并将数据进行预处理和转换，以满足 AIGC 工具的输入要求。

2. 市场销售额数据通常受到很多因素的影响，如季节性、周期性、宏观经济因素等。因此，需要对数据进行预处理和调整，以消除影响，提取真正的时间趋势和周期性变化。

3. 在市场销售额数据中，可以提取一些关键的特征，如平均值、中位数、众数、方差、标准差等。这些特征可以反映市场的需求和产品的销售情况，为预测销售额趋势提供参考。

4. 根据提取的特征和历史数据，选择适合的预测模型进行训练。常用的预测模型包括线性回归、逻辑回归、决策树、神经网络等。在选择模型时，需要考虑数据的类型和特点，以及模型的适用范围和准确性。

5. 在训练模型后，需要对模型进行评估和调整。常用的评估指标包括均方误差（MSE）、均方根误差（RMSE）、准确率、召回率等。如果模型的预测效果不好，需要对模型进行调整和优化，如增加特征、调整参数等。

6. 使用模型预测市场销售额趋势，可以根据不同的时间段和预测需求，生成不同的预测结果和分析报告，为企业决策提供参考。

7.2　AIGC 在数据可视化与分析中的应用

7.2.1　用 AIGC 工具生成可视化数据

AIGC 工具可以自动将大规模的数据集进行可视化处理，生成各种类型的图表、图形和图像，如柱状图、折线图、饼图、散点图等，使数据更易被理解和分析。

AIGC 工具可以自动分析和挖掘数据的模式、趋势和关联性，并将这些信息以直观的方式呈现给用户，帮助用户更好地发现和理解数据的规律和特征。

AIGC 工具可以根据用户的需求和偏好定制可视化数据，生成符合用户需求的图表和图形，生成更加个性化和精准化的可视化数据。

AIGC 工具可以将数据可视化与业务场景结合，帮助企业更好地了解市场需求、产品计划和客户行为等，为企业的决策和运营提供更加科学和精准的依据。

【案例 7-4】用 AIGC 工具生成可视化数据

【用户提问】

下表是 ×× 奶茶品牌的一家门店在 3 月 1—12 日的销售数据，请根据销售数据统计表生成合理的可视化数据图。

×× 奶茶 ×× 店 3 月销售数据统计表

日期	日销售杯数（杯）	日销售金额（元）	日均客流量（人）
3 月 1 日	250	12 500	300
3 月 2 日	280	14 000	350
3 月 3 日	260	13 000	320
3 月 4 日	300	15 000	400
3 月 5 日	270	13 500	380
3 月 6 日	290	14 500	420
3 月 7 日	320	16 000	450
3 月 8 日	350	17 500	500
3 月 9 日	380	19 000	550
3 月 10 日	360	18 000	520
3 月 11 日	400	20 000	600
3 月 12 日	420	21 500	650

【文心一言回答】

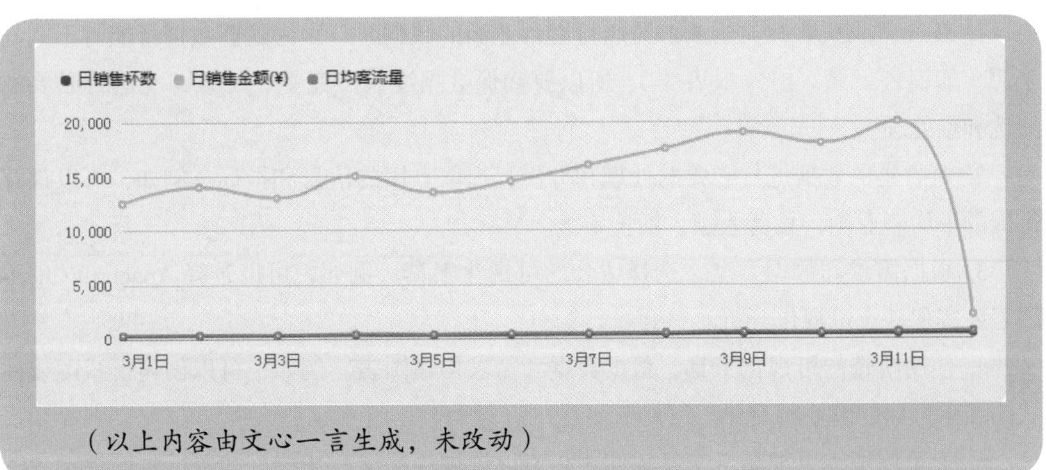

（以上内容由文心一言生成，未改动）

文心一言生成的折线数据图出现了明显的错误，3 月 12 日的日销售金额明显下降。检查发现，此处的数据是 2 150 而非原始数据 21 500，需要提醒文心一言修正错误。

【用户提问】

3 月 12 日的销售金额是 21 500 元，请修正。

【文心一言回答】

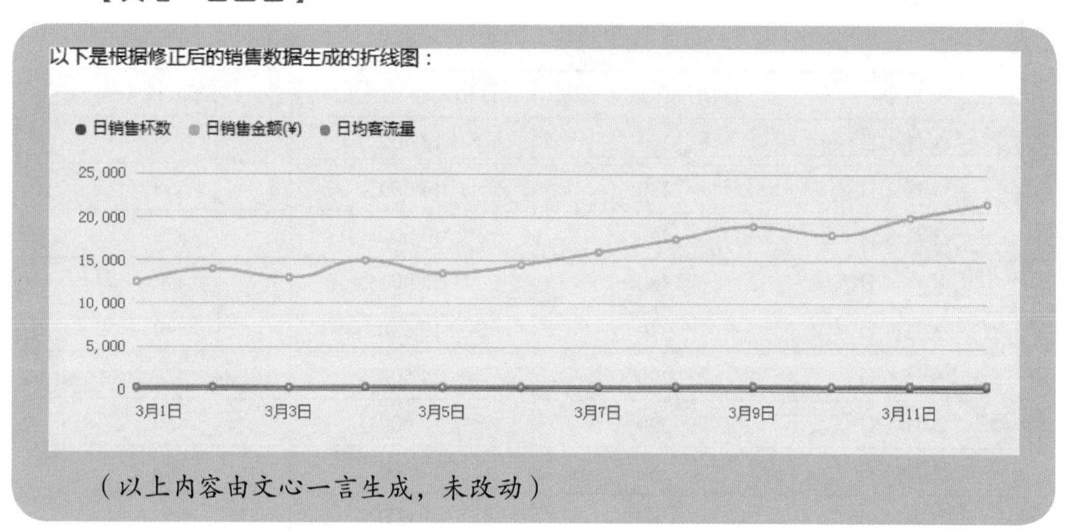

（以上内容由文心一言生成，未改动）

经过文心一言修正数据后，生成符合要求的折线数据图。文心一言提供 E 言易图插件，可以提供数据洞察和图表制作，目前支持柱状图、折线图、饼图、雷达图、散点图、漏斗图、思维导图（树图）。

【操作提示】

1. 在准备或获取有关奶茶加盟店每周营业额的数据时，因为这些数据可能有不同的来源（如销售记录、财务报表等），所以要确保数据准确、完整、一致，并进行必要的清洗和预处理。

2. 对收集的数据进行必要的处理和分析，提取有用的信息和指标。例如，可以计算每周的平均营业额、总营业额、增长率等。

3. 根据需求和数据类型，选择适合的可视化工具。例如，可以选择 Apache ECharts 图表库实现动态可视化分析。

4. 使用所选的可视化工具，根据数据和需求构建图表。例如，可以创建折线图或柱状图展示每周的营业额变化。

5. 为了使图表更加易于交互和使用，可以添加一些交互功能，如鼠标悬停提示、缩放、平移等。

6. 将可视化数据集成到应用程序或网站中，以便用户可以轻松地访问和查看。例如，用 AIGC 工具获取可视化操作的 javaScript 代码，导入 Apache ECharts，生成奶茶加盟店每日、每周、每月营业额的可视化数据。

7.2.2 用 AIGC 工具生成数据分析

AIGC 工具可以自动进行数据预处理，包括对多种类型的数据进行清洗和转换等，使数据分析更加方便和准确。

AIGC 工具可以自动进行特征提取，从数据中提取有用的特征，避免手动提取特征产生的误差和遗漏。

AIGC 工具可以自动进行模型训练，包括模型选择、参数调整等，提高模型的准确性和效率。

【案例 7–5】用 AIGC 工具生成数据分析

【用户提问】

实验名称：使用密闭瓶法测算硝酸银在不同温度下的溶解度。

实验过程：分别将硝酸银样品（10 g）和水（50 mL）加入密闭瓶，然后在不同温度下进行加热，待样品溶解后记录瓶内压力变化，最终得到硝酸银的溶解度。

实验数据：在 30 ℃下，硝酸银的溶解度约为 5.6 g/100 mL（5.6 g/100 g）；在 50 ℃下，硝酸银的溶解度约为 7.8 g/100 mL（7.8 g/100 g）；在 70 ℃下，硝酸银的溶解度约为 9.2 g/100 mL（9.2 g/100 g）；在 90 ℃下，硝酸银的溶解度约为 11.5 g/100 mL（11.5 g/100 g）。

研究结果：硝酸银的溶解度呈现随温度升高而增加的趋势。根据实验数据，可以建立硝酸银在不同温度下的溶解度方程式为 $y=0.001\ 5x^3-0.316x^2+20.598x-207.106$。

以上是某企业研发部完成的一项技术研发项目的部分实验数据和研究结果，请对实验进行数据分析。

【ChatGPT 回答】

根据实验数据和结果，我们可以对这个实验进行如下分析：

1. 定性分析：实验结果表明，硝酸银的溶解度随着温度的升高而增加，这符合一般物质在溶液中的溶解规律。此外，由于硝酸银在所有温度下均溶解于水中，说明硝酸银是水溶性物质。

2. 定量分析：通过实验数据得到的硝酸银在不同温度下的溶解度数值可以帮助我们了解溶解度与温度之间的关系。根据数据，可以观察到随着温度的升高，硝酸银的溶解度逐渐增加。这种趋势可以用一个三次多项式方程来描述，即 y=0.001 5x^3−0.316x^2+20.598x−207.106，其中 y 表示硝酸银的溶解度（单位：g/100 mL），x 表示温度（单位：℃）。

3. 实验误差分析：在实际实验中，可能存在一定的误差来源，如称量误差、温度控制不准确、压力测量误差等。这些误差可能会对实验数据和结果产生一定的影响。为了提高实验的准确性，可以考虑增加实验重复次数、使用更精确的仪器设备，并在分析过程中对可能存在的误差进行合理评估和修正。

综上所述，通过这个实验的研究数据和结果，我们可以得出硝酸银溶解度与温度呈正相关的关系，并且可以利用实验数据拟合出一个方程来描述这种关系。这些分析结果对于理解和探索物质在不同条件下的溶解行为具有一定的指导意义。

（以上内容由 ChatGPT 生成，未改动）

ChatGPT 对实验数据和研究结果进行了较为准确的定性和定量分析，揭示了硝酸银的溶解度与温度的关系，并给出了相应的方程。同时，也对实验误差进行了分析。

【操作提示】

1. 在收集研发项目的各类实验数据的过程中，需要注意数据的真实性、准确性和完整性，否则 AIGC 工具将生成偏差较大的数据分析。

2. 对数据进行清洗，去除重复、错误或不完整的数据。数据清洗的目的是提高数据的质量和可靠性，为 AIGC 工具生成数据分析提供更好的基础。

3. 对于一些非标准化的数据，需要进行转换以满足 AIGC 工具的要求。例如，将文字描述转换为数值型数据，或将多个指标合并为一个综合指标等。

4. 用 AIGC 工具对数据进行建模，以提取数据中的有用信息。常用的建模方法包括回归分析、聚类分析、主成分分析等。根据不同的需求和目的，可以选择不同的 AIGC 工具进行建模。

5. 在建立模型后，需要对模型进行评估，以确定模型的准确性和可靠性。

7.3 AIGC 在数据挖掘与决策支持中的应用

7.3.1 用 AIGC 工具生成用户画像

AIGC 工具可以根据用户的行为和需求快速地生成用户画像，并通过对用户画像的分析，深入了解用户的需求和行为特征，从而为产品设计和营销提供精准的数据支持。

AIGC 工具可以通过对大量数据的分析和处理，快速生成用户画像。这些用户画像包含了用户的各种属性和特征，如年龄、性别、地域、职业、兴趣爱好等，使产品设计师和营销人员能够快速地了解用户的基本信息和需求，为后续的产品设计和营销策略制定提供基础数据。

AIGC 工具可以通过对用户画像的分析和比较，发现用户群体的共同点和差异点，从而更好地把握市场和用户的需求，为产品的定位和市场策略的制定提供科学依据。

AIGC 工具可以将用户画像与业务场景结合，帮助企业更好地了解市场需求、产品计划和用户行为等，为企业的决策和运营提供更加科学的和精准的依据。

【案例 7-6】用 AIGC 工具生成用户画像

【用户提问】

假设你是 ×× 电子商务 App 的产品经理，现在正在筹备一个新项目，需要对用户画像进行分析，以获取必要的信息，推进新项目的进程。请结合新项目规划信息生成用户画像。

1. 新项目特色

（1）社交电商模式。新项目最大的特色是社交电商模式。用户可以通过分享购物车或者直接邀请好友拼团，从而获得优惠价格。社交电商模式既能够满足用户的购物需求，又能够增强用户的社交互动，达到了良好的口碑传播效果。

（2）直播带货。新项目还引入直播带货的模式，通过直播的方式，用户可以获得产品介绍和购买建议，并直接在直播间下单购买，带动产品销售和提升品牌影响力。

（3）针对农村市场。新项目特别针对农村市场推出了“9.9 元包邮”等促销活动，大力拓展用户群体，有效地吸引农村地区的消费者，进一步扩大新项目的市场份额。

2. 新项目定位

（1）购物中心。新项目定位为“购物中心”，以“超值”为品牌核心，注重用户体验，致力于为用户提供超值的产品和创意购物体验。

（2）年轻人的首选平台。新项目将目光投向了年轻人群体，尤其是“90后”和“00后”。年轻人对价格敏感，追求性价比高的产品，喜欢通过社交媒体分享购物体验，愿意尝试新的购物方式。新项目定位正好满足了年轻人的购物需求和社交需求。

【文心一言回答】

根据您提供的信息，我将为您创建一份针对新项目的目标用户画像。

用户画像一：

姓名：张小姐

年龄：28岁

职业：办公室职员

收入：中等收入

地理位置：城市居民

使用场景：日常购物

张小姐是一名年轻的城市女性，她对价格敏感，追求性价比高的产品，并且喜欢在社交媒体上分享自己的购物体验。她通常会在工作之余通过手机购物App购买日常用品，也会参加一些促销活动来获取优惠。张小姐注重购物体验，她希望能够在轻松愉快的环境中购买到自己需要的商品。

用户画像二：

姓名：李先生

年龄：35岁

职业：自由职业者

收入：中高收入

地理位置：城市居民

使用场景：购买高价值产品

李先生是一名中年的城市男性，他通常会购买一些高价值的商品，比如家电、数码产品等。他注重品质和口碑，会选择一些知名品牌和有良好评价的产品。李先生对购物体验要求较高，他希望能够在专业的电商平台上获得详细的产品介绍和购买建议，同时也能够享受到优质的售后服务。

用户画像三：

姓名：王大爷

年龄：50 岁

职业：农民

收入：中等收入

地理位置：农村居民

使用场景：购买日常用品和农资产品

王大爷是一名农村男性，他通常会购买一些日常用品和农资产品，比如生活用品、粮油副食品等。他对价格敏感，追求性价比高的产品，同时也注重品质和实用性。王大爷对新技术不太熟悉，他更喜欢通过传统的购物方式来购买商品。但是新项目的“9.9 元包邮”等促销活动将能够吸引他尝试通过线上购物来获得更多的优惠。

（以上内容由文心一言生成，未改动）

文心一言生成了 3 份用户画像，分别针对不同年龄和不同性别的用户。这些用户画像反映了新项目的特点和使用场景，并考虑了用户的地理位置、收入水平、购物需求和购物体验等因素。用户画像的内容是合理和准确的。每份用户画像都针对不同的用户群体，并准确地反映了用户群体的特点和购物需求。需要根据实际情况对生成的用户画像进行不断的调整和优化，以确保用户画像的准确性和有效性。

【操作提示】

1. 对收集的数据进行清洗和预处理，去除无效的和错误的数据，对缺失的数据进行填充或删除。

2. 用 AIGC 工具对处理后的数据进行深入分析，如使用聚类分析将用户分为不同的群体，或者使用关联规则发现用户的行为模式和偏好。

3. 根据分析结果，将用户划分为不同的群体，并为每个群体打上不同的标签，生成用户画像。例如，可以按照使用频率将用户分为高频使用者和低频使用者，或者按照职业将用户分为白领和学生。

7.3.2 用 AIGC 工具生成决策内容

AIGC 工具可以利用先进的数据处理技术，自动完成数据清洗、数据转换等任务，提高数据处理的效率，从而为生成决策内容提供快速、准确的支持。

AIGC 工具可以整合不同来源的数据，包括企业的内部和外部数据、市场数据等，从而为生成决策内容提供全面的信息。

AIGC 工具可以通过对数据的分析和挖掘，为决策者提供科学的、有效的决策方案。例如，通过数据分析和预测，为企业制定精准的市场营销策略，提高销售业绩；通过数据分析和资源配置，为企业制定合理的预算方案，降低成本等。

AIGC 工具可以通过自动化处理和分析数据，降低决策成本，提高决策效率。例如，通过自动化招聘流程、智能推荐系统等，为企业节省大量的人力和时间成本。

【案例 7-7】用 AIGC 工具生成决策内容

【用户提问】

1. 消费者数据

××餐厅在过去一年吸引了 200 万名消费者，其中 60% 是回头客。消费者的平均年龄为 35 岁，其中女性消费者占 60%。消费者主要来自中产阶级，家庭主妇和上班族是主要的消费群体。消费者的口味偏好以本地传统美食为主，但也愿意尝试新口味和新菜系。

2. 竞争对手数据

××餐厅的主要竞争对手包括其他本地餐厅和快餐店。竞争对手的客流量为每天 1 000 人，客单价为 50 元。竞争对手的主要优势在于价格和便利性，而××餐厅则以品质、服务和环境为卖点。

3. 市场趋势数据

根据市场调查，消费者对健康、有营养和多样化的餐饮需求越来越高。同时，消费者也更加注重餐饮的品牌、服务和体验。预计未来 5 年，餐饮市场将继续快速增长，其中健康、有营养和多样化的餐饮将有更大的市场份额。

4. 内部数据

××餐厅的客流量为每天 200 人，客单价为 80 元。餐厅的毛利率为 60%，净利率为 25%。餐厅的员工数量为 50 人，其中厨师和服务员各占一半。餐厅的食材成本占营业额的 30%，租金和水电费等固定成本占营业额的 20%。

5. 环境数据

××餐厅位于市中心的商业区，交通便利，周边有很多其他类型的餐饮店。该地区的人口密度高，消费水平也较高。地方政府对餐饮业的发展给予很大的支持，未来几年该地区的餐饮业有望继续快速发展。

以上数据来源于××连锁餐饮企业，假设你是××连锁餐饮企业的区域负责人，××餐厅就在你管理的区域内，请根据以上数据生成竞争策略和营销策略。

【文心一言回答】

根据提供的数据信息，可以制定以下竞争策略和营销策略：

1. 提升消费者体验：

针对消费者需求，提供多样化的菜品选择，以满足不同口味和饮食需求。

在餐厅内提供舒适、温馨的环境，增强消费者的用餐体验。

提供优质的服务，包括快速的上菜速度、热情周到的服务等，以提高消费者满意度。

2. 增加回头客：

通过会员制度、积分累计等方式，奖励回头客，增加其黏性。

定期推出新菜品和活动，吸引消费者多次光顾。

3. 差异化竞争：

与竞争对手相比，××餐厅可以突出品质、服务和环境等方面的优势。

通过提供特色菜品、定制化服务等方式，打造与众不同的品牌形象。

4. 精准营销：

根据消费者的年龄、性别、消费习惯等信息，进行精准的市场营销活动。

通过社交媒体、线上平台等渠道，发布优惠活动、推荐新菜品等，吸引更多消费者。

5. 优化内部管理：

提高食材质量，降低食材成本，提升毛利率。

通过培训和激励员工，提高员工的工作积极性和服务质量。

6. 合作与联盟：

与周边的其他餐饮店、景点等合作，共同开展促销活动，提高区域吸引力。

与当地的企业、社区等建立合作关系，参与公益活动，提高品牌知名度。

7. 关注市场趋势：

密切关注消费者需求和市场趋势，及时调整菜单和服务策略。

通过市场调查和分析，了解竞争对手的情况，制定相应的竞争策略。

8. 优化选址策略：

如果可能，考虑在商业区或人口密集的地区开设新店，以增加品牌曝光度和客流量。

对现有店铺的地理位置进行评估，如果有必要，可以考虑搬迁或扩大规模。

9. 价格策略：

根据消费者的支付能力和竞争对手的情况，合理定价，以吸引更多的消费者。

可以考虑设置会员优惠、套餐优惠等优惠政策，以吸引更多的消费者。

10. 品牌塑造与传播：

设计独特的品牌形象和标识，以提高品牌识别度和记忆度。

通过广告、公关活动、社交媒体等方式，传播品牌价值和特色，吸引更多消费者。

（以上内容由文心一言生成，未改动）

在竞争策略方面，文心一言通过分析竞争对手的优势和劣势，生成相应的竞争策略，突出了 ×× 餐厅在品质、服务和环境等方面的优势，同时针对竞争对手的不足，制定了差异化的服务内容和营销活动。在营销策略方面，文心一言生成多种营销策略，包括精准营销、价格策略、品牌塑造与传播等。同时也应该看到，文心一言生成的竞争策略可能缺乏灵活性和创新性，需要不断更新和调整。营销策略的品牌塑造与传播效果可能不理想，也需要进一步优化传播渠道和内容。

【操作提示】

1. 根据数据需求，选择合适的模型进行训练。例如，使用自然语言处理模型处理文本数据，如市场调研报告和竞争对手信息；使用机器学习模型预测消费者行为和市场需求等。

2. 收集和整理所需的数据，并进行预处理和清洗，以确保数据的质量和可靠性。对于文本数据，需要进行文本清洗和预处理，以消除无关信息和错误信息。

3. 使用收集的数据对模型进行训练，使其能够更好地学习和理解 ×× 连锁餐饮企业的扩张决策。在训练过程中，不断调整模型参数和优化模型结构，以提高其生成决策内容的准确性和可靠性。

第 8 章

AIGC 与自媒体创作

8.1 AIGC 在自媒体内容生成中的应用

8.1.1 用 AIGC 工具生成“图表 + 文字”内容

图表可以通过视觉方式传达复杂的数据和信息，而文字可以提供详细的解释和背景信息，两者结合可以帮助用户更好地理解和解释数据。

“图表 + 文字”的展示形式可以提高信息的可视化程度，增强表达效果，提升工作效率，使内容更具吸引力和说服力，有助于用户更直观地理解数据和信息。

如果用户提问清晰、具体，并包含图表展示的数据或信息的类型，将有助于 AIGC 工具理解需求，并生成满足需求的内容，以下是提问示例。

【用户提问】

我需要一份包含销售数据的表格，可以帮我生成吗？

【用户提问】

能否帮我创建一份包含本月预算和实际开支的对比表格？

【用户提问】

可以帮我制作一份用于追踪项目进度的表格吗？

【案例 8-1】用 AIGC 工具生成“图表 + 文字”内容

【用户提问】

我打算在 ×× 平台发布一篇以全球气候变化为主题的文章，反映全球气候变化的严峻形势，现在需要你帮我生成一份表格，以直观地展现全球气候变化的关键指标。注意表格内容需包括二氧化碳浓度、全球平均温度和海平面上升情况，并配以相应的文字描述。

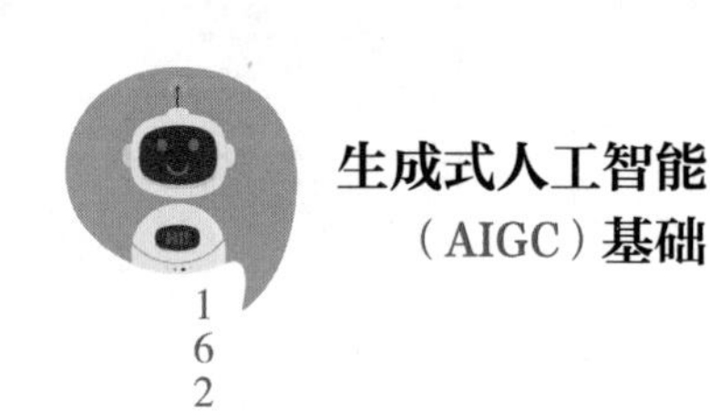

【文心一言回答】

以下是一个展示全球气候变化关键指标的表格，包括二氧化碳浓度、全球平均温度和海平面上升情况，并附有相应的文字描述。

指标	单位	2020年数据	2021年数据	变化情况
二氧化碳浓度	ppm	412.5	416.5	增加4.0 ppm，增幅超过过去10年平均水平，人类活动为主要驱动因素。
全球平均温度	℃	比工业化前水平高1.2℃	比工业化前水平高1.3℃	温度持续上升，全球变暖趋势明显，引发极端气候事件增多。
海平面上升	mm	3.4 ± 0.4	4.8 ± 0.5	上升速度加快，对沿海城市和岛国构成严重威胁。

表格中的数据显示，全球气候变化的关键指标均呈现出加剧的趋势。二氧化碳浓度的增加主要是由于人类活动导致的温室气体排放，这加剧了全球变暖的趋势。全球平均温度的持续上升导致极端气候事件频繁发生，对生态系统和社会经济产生重大影响。海平面的上升则对沿海城市和岛国构成严重威胁，可能导致洪涝、侵蚀等灾害。

这些指标的变化情况表明全球气候变化的严峻形势，需要人类采取积极措施来减缓气候变化的影响。

（以上内容由文心一言生成，未改动）

【操作提示】

用 AIGC 工具生成“图表 + 文字”的自媒体内容需要细心和创造力。遵循以下几种方法，能够帮助创建出高质量、吸引人的内容，提高自媒体影响力。

1. 收集和处理数据

用 AIGC 工具提供的数据采集、清洗和整理功能，快速获取和处理相关的数据，为生成“图表 + 文字”内容提供可靠的基础。例如，假设用户的目标是生成一份关于销售数据的报告，目标受众是公司的管理层。用户可以用 AIGC 工具的数据采集功能，从公司的销售系统中获取相关的销售数据。同时，用 AIGC 工具的数据清洗和整理功能，对数据进行筛选、分类和整理，以便后续生成“图表 + 文字”内容。

2. 选择合适的图表类型

AIGC 工具提供了多种图表类型以供选择，可以根据数据和目标受众选择合适的图表类型，以便更好地展示数据和信息。例如，根据销售数据的特点和表达需求，可以选择柱状图展示不同产品的销售情况，选择折线图展示销售趋势的变化。

3. 定制图表样式

AIGC 工具允许用户自定义图表样式，包括颜色、字体、标签等。可以根据需求和品牌形象，定制图表样式。例如，AIGC 工具提供简化的图表设计选项，可以根据需要将柱状图的颜色设置为品牌色，将字体设置为简洁清晰的样式。

4. 生成文字描述

用 AIGC 工具提供的文本编辑和自然语言生成功能，根据图表内容和数据特点，快速生成简洁明了、有趣味性的文字描述。例如，AIGC 工具可以根据用户提供的信息，描述不同产品的销售情况和销售趋势，以及影响因素。

8.1.2 用 AIGC 工具生成“图片 + 文字”内容

“图片 + 文字”的展示形式能够增强视觉效果、提供补充说明、提高可读性，同时克服语言障碍，使内容更易于理解和接受。

AIGC 工具的优势在于能够利用先进的技术和算法，快速生成高质量的图片，同时提供丰富的工具和接口，使用户可以方便地对图片进行编辑和操作。

【案例 8-2】用 AIGC 工具生成“图片 + 文字”内容

【用户提问】

餐厅设计注重用餐氛围。选用木质的餐桌椅，展现自然之美；铁艺吊灯下垂，为用餐增添浪漫色彩。在墙角放置一盆大型绿植，仿佛将大自然引入室内，让人食欲大增。

【文心一格生成】

（以上内容由文心一格生成，未改动）

【360 鸿图生成】

（以上内容由 360 鸿图生成，未改动）

将同样的文字描述输入两款不同的 AIGC 工具，可以发现，文心一格的生成效果更具艺术性和创意性，能够生成更加生动、细腻的图片，对文字描述的理解更加准确和具象。相比之下，360 鸿图的生成效果较为普通，对文字描述的理解较生硬，导致生成的图片缺乏细节和生动性。

【操作提示】

大多数的AIGC的绘画工具，均需用户提供对画面的文字描述，因此，提供准确的文字描述是利用AIGC绘画工具生成图片的关键因素。

1. 描述要具体

尽可能提供具体的描述，包括颜色、形状、纹理、场景等元素，以便AIGC工具能够更好地理解用户的需求并生成更加准确的作品。在AIGC工具中，可以输入具体的文字描述，如“画一只红色的鸟”，AIGC工具就能够根据描述生成一只红色的鸟。

2. 避免使用过于复杂的词汇

尽可能使用简单、清晰的词汇，避免使用过于复杂或抽象的词汇，以免AIGC工具无法理解或误解用户的意图。例如，输入“画一只翩翩起舞的蝴蝶”，可能让AIGC工具感到困惑，因为需要理解“翩翩起舞”的含义，更好的描述可以是“画一只蝴蝶在飞舞”。

3. 注意逻辑性和连贯性

描述应该具有逻辑性和连贯性，不要出现矛盾的或模糊的描述，以免影响AIGC工具的生成效果。例如，在AIGC工具中，如果输入“画一只蓝色的鸟在飞翔，它的翅膀是绿色的”，可能让AIGC工具感到困惑，因为描述有矛盾，更好的描述可以是“画一只蓝色的鸟在飞翔，它的翅膀是深蓝色的”。

8.1.3 用AIGC工具生成“音频+文字”内容

文字可以提供详细的信息，音频可以强化信息的传达，使其更加生动和真实，而且对于视觉受损或无法阅读的人，音频提供了接收信息的机会，增强了内容的可访问性。

AIGC工具可以通过分析大量的音频数据，学习并模仿人类的声音和语调，生成新的音频内容。这种技术不仅可用于创作音乐、配音、语音助手回复等，还可用于音频的编辑和优化，如去除噪声、提高音质、改变音调等。

【案例8-3】用AIGC工具生成“音频+文字”内容

下面演示用腾讯智影生成“音频+文字”内容。

步骤 1：进入腾讯智影的“文本配音”模块，如图 8-1 所示。

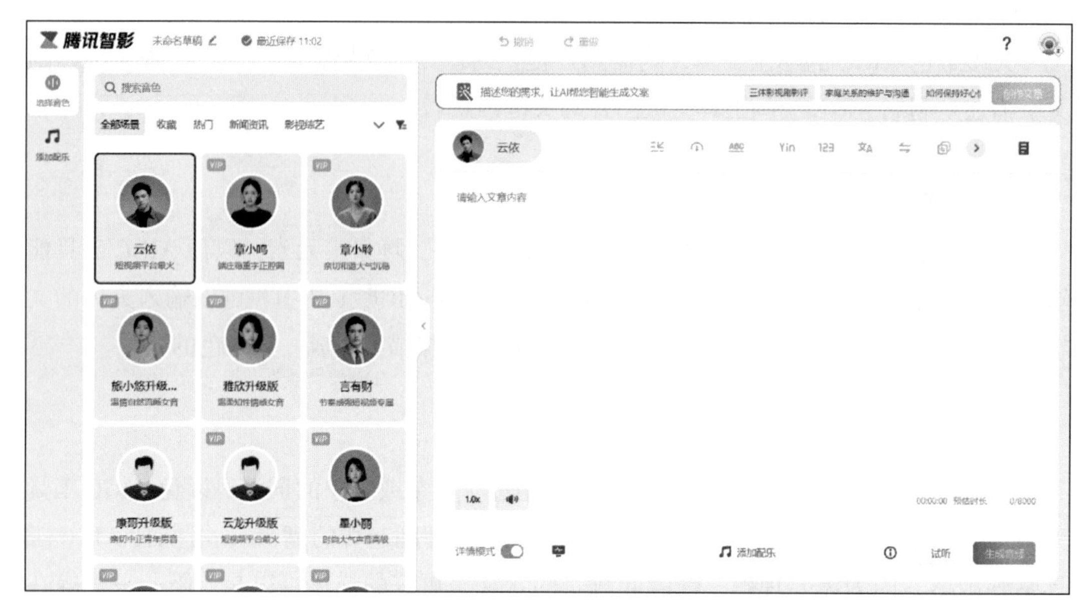

图 8-1　进入“文本配音”模块

步骤 2：在文本区输入文字内容，并根据实际需求，切换发音人、添加背景音乐、设置音量和语速等，以生成不同风格的音频，如图 8-2 所示。

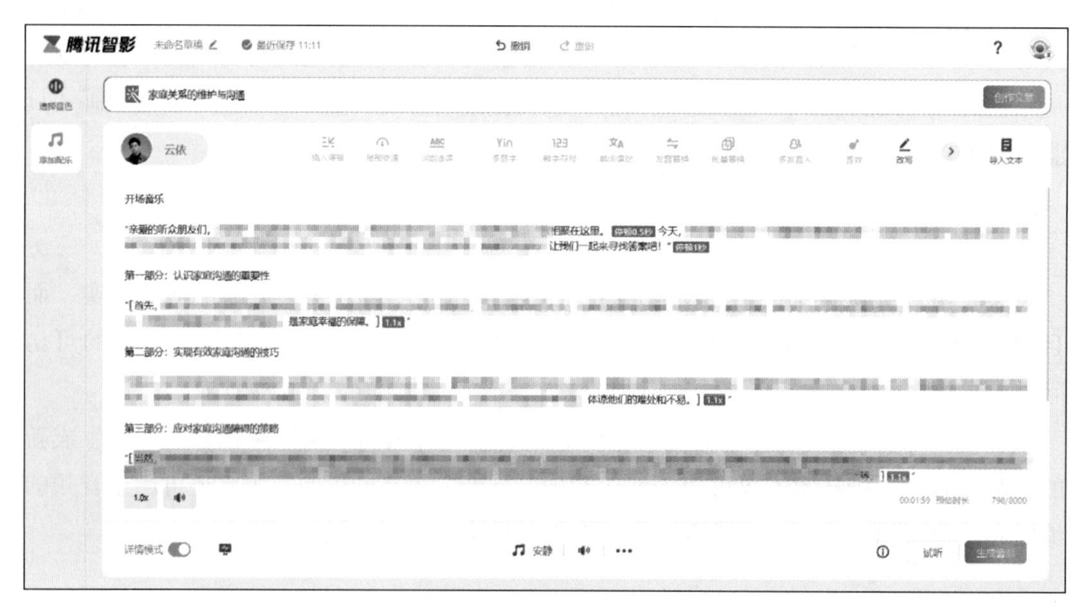

图 8-2　设置参数

步骤3：将参数设置好后，单击“生成音频”按钮，即可生成音频。同时，可以选择“下载字幕”，实现音频和文字同步，如图8–3所示。

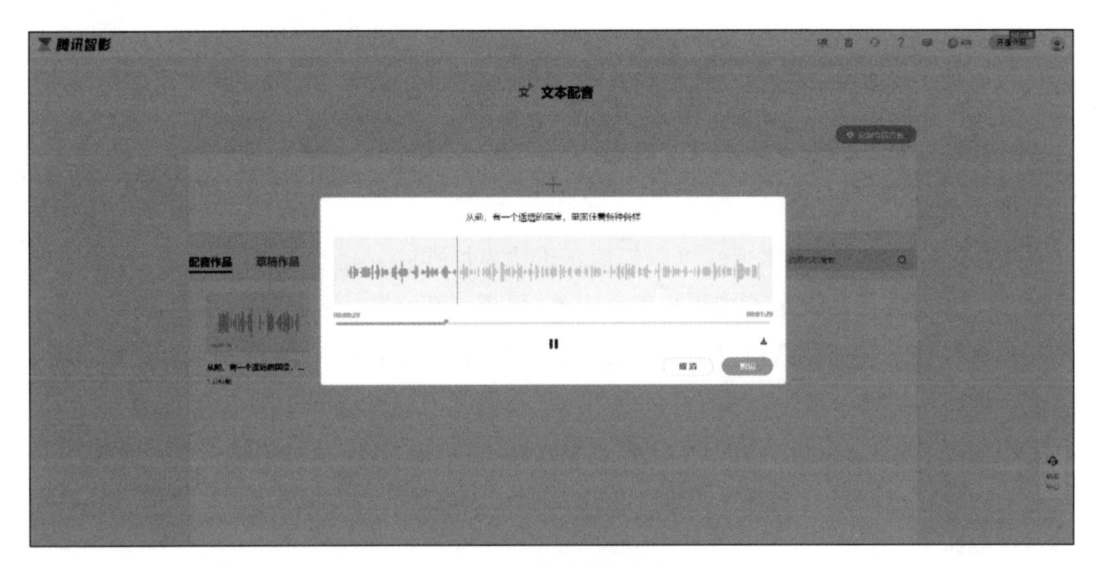

图8–3　生成音频内容

不同的模型生成音频的质量和准确性可能有所不同，这是因为不同的模型在训练数据和算法优化方面存在差异。因此，为了确保生成的音频具有较高的质量和准确性，需要选择经过大量的数据训练并能准确模拟人类语音的模型。

【操作提示】

1. 选择模型

在AIGC工具中，可以选择经过良好训练并具有高质量输出的模型。例如，一些AIGC工具提供了多种模型供选择，可以根据需求，选择适合的模型生成音频。

2. 选择输入数据

输入数据可以是文本或语音形式，但需要确保输入的文本清晰、准确，没有语法错误或拼写错误。例如，用AIGC工具生成一段语音回复，需要确保输入的文本准确无误，没有语法错误；如果选择使用语音输入，需要确保语音清晰，以便模型能够准确识别和理解。

3. 调整参数和设置

AIGC工具通常提供各种参数和设置，可以进行调整以优化生成的音频。例如，可以调整语音的音调、语速、音量等参数，以获得更加自然的和流畅的音频。

4. 审查和评估

需要仔细审查和评估生成音频的质量。例如，试听生成的音频，检查是否清晰、流畅和自然。如果不满意，可以调整参数和设置，重新生成满意的音频。

8.1.4 用 AIGC 工具生成“视频 + 文字”内容

“视频 + 文字”的展示形式可以使信息传达更加准确、高效，同时也可以增强内容的吸引力和适应性，满足不同用户的需求。“视频 + 文字”的展示形式适用于需要直观展示操作步骤、传达详细信息和补充解释观点的自媒体内容，如教程指南、评论解说、新闻报道和人物访谈等，以更好地传递信息和吸引用户。

AIGC 工具通常提供丰富的素材库和特效库，具备强大的自然语言处理和图像生成能力，为创作者提供了更多的选择，使创作者无须具备专业的技术背景，也可以轻松完成视频创作。

【案例 8-4】用 AIGC 工具生成“视频 + 文字”内容

下面演示用剪映生成“视频 + 文字”内容。

步骤 1：打开剪映，单击主界面中的“图文成片”模块按钮，如图 8-4 所示。

图 8-4 单击“图文成片”模块按钮

步骤 2：将撰写好的文案内容输入指定页面，还可以提供文案要求，如“主题”“课题”“视频时长”等，用剪映智能生成文案内容，如图 8-5 所示。

步骤 3：输入文案后，可以更换符合视频主题的音色，并根据需要，选择智能匹配视频素材或添加上传素材，单击“生成视频”按钮，即可生成视频。生成视频的截图效果如图 8-6 所示。

图 8-5　输入文案

图 8-6　生成视频

用 AIGC 工具生成视频具有高效、快速、创造性和自动化等优势，能够极大地提高效率并提供创新的方案，但同时也存在一定的劣势。例如，虽然 AIGC 工具可以通过机器学习和人工智能技术提供创新性的建议，但无法像人类一样具有真正的创造力和想象力，无法完全替代人类创作，并且 AIGC 工具的性能取决于所使用数据集的质量和多样性。如果数据集存在偏差或错误，那么生成的视频也可能出现偏差或错误，从而影响准确性。

【操作提示】

1. 选择 AIGC 工具

选择在文字生成方面表现良好的 AIGC 工具，如 ChatGPT，因为它在自然语言生成方面表现出色。

2. 文案生成

用选择的 AIGC 工具生成文案，可能需要输入初始的 AI 提示词或关键词，以便 AIGC 工具能够根据提示生成相应的文案。

3. 文案审查与修改

仔细阅读生成的文案，检查是否符合需求。如果需要修改，可以调整 AI 提示词或关键词，并重新生成文案，直到满意为止。

4. 视频生成

当生成满意文案后，选择适合的 AIGC 工具。将文案输入 AIGC 工具，利用 AIGC 工具的智能匹配功能生成视频。

5. 视频剪辑与审查

使用 AIGC 工具提供的剪辑功能，对生成的视频进行剪辑和调整。可以调整视频的长度、画面、音效等，以满足用户的需求。完成后，仔细检查视频，确保与需求和期望相符。

8.2 AIGC 在优化自媒体用户体验与推广推荐中的应用

8.2.1 用 AIGC 工具优化自媒体用户体验

自媒体用户体验是指用户在使用自媒体平台或服务时的整体体验，其好坏直接影响了用户的黏性和转化率，因此，优化自媒体用户体验是提高自媒体价值和影响力的关键。

优化自媒体用户体验需要从内容质量、页面设计、响应速度、互动元素、更新频率和个性化推荐等方面入手，不断提升用户体验，从而吸引更多的用户关注和参与。

目前，有许多 AIGC 工具中专门设置了自媒体模块，以帮助自媒体从业者生成个性化内容和实时反馈，辅助创作有趣的内容和提供精准的推荐，以优化自媒体用户体验。

【案例 8-5】用 AIGC 工具优化自媒体用户体验

下面演示用文心一言优化自媒体用户体验。

步骤 1：进入文心一言主界面，选择在提问框输入问题，或选择进入一言百宝箱，如图 8-7 所示。

图 8-7　进入主界面

步骤2：找到页面右上角的“一言百宝箱”，选择“职业”模块，即可看到自媒体、产品/运营、技术研发、企业管理者、市场营销等专业领域，如图8-8所示。

图8-8 “一言百宝箱”操作界面

步骤3：以“自媒体标题撰写”为例，“一言百宝箱”可以为用户提供提问方式示例，用户可以根据自身需求，改变提问的主题、内容，使AIGC工具生成符合需求的内容，如图8-9所示。

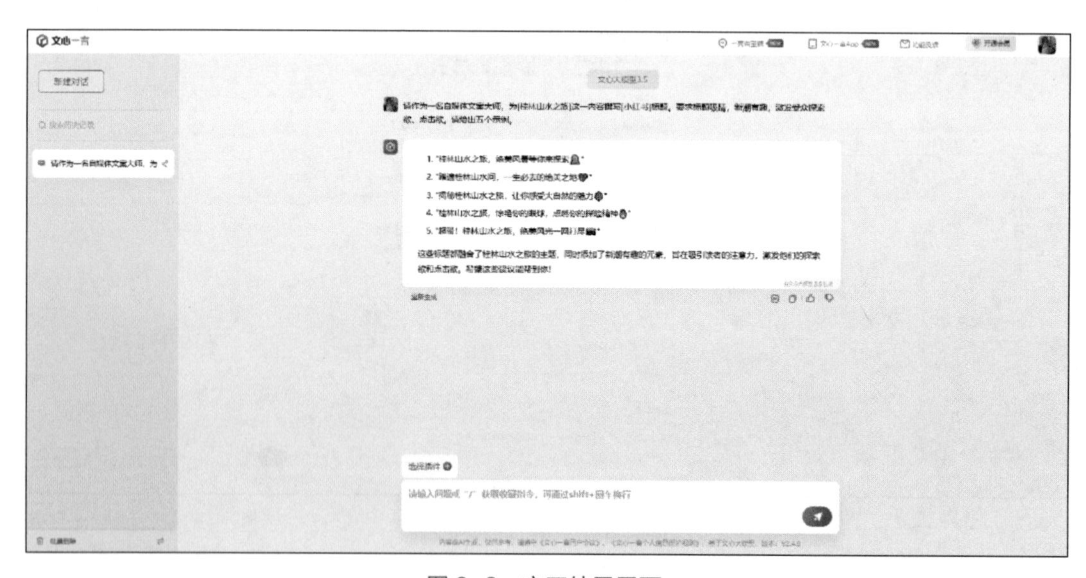

图8-9 交互结果界面

【操作提示】

1. 熟悉功能

AIGC工具通常具有多种功能，如文本生成、图像处理、数据分析等。在使用AIGC工具之前，需要熟悉功能，并了解如何操作。例如，AIGC工具的一项功能是智能推荐算法。通过智能推荐算法功能，可以了解如何根据用户的兴趣和行为，为他们推荐相关的内容。可以利用这个功能，将自媒体内容与用户的兴趣匹配，提高内容的曝光度和用户参与度。

2. 内容创作

利用AIGC工具的内容创作功能，撰写高质量的文章、创作吸引人的图像或视频，确保内容与用户相关，并具有一定的价值。例如，AIGC工具的文本生成功能可以快速生成有吸引力的标题和摘要。可以利用这个功能，创作一篇关于健康饮食的文章，并在文章中提供有价值的健康饮食建议。结合AIGC工具的图像处理功能，还可以创作精美的封面图，以吸引用户点击阅读。

3. 数据分析

AIGC工具通常提供数据分析功能，可以了解用户如何与内容互动。定期分析数据，找出哪些内容受欢迎，哪些内容不受欢迎，并据此调整创作策略。例如，通过分析用户的互动数据，发现一篇关于旅行目的地的文章获得了很高的阅读量和点赞数。根据这一数据，可以推断用户对旅行内容感兴趣，并创作更多与旅行相关的内容。

4. 持续优化

优化自媒体用户体验是一个持续的过程。定期回顾内容策略，并根据用户反馈和数据分析结果进行调整。尝试新的创作风格，以保持用户的兴趣和关注度。例如，通过分析用户数据和反馈，可以发现用户对视频内容的需求越来越高。为了满足这一需求，利用AIGC工具的视频编辑功能，创作和发布高质量的视频内容。持续优化的过程使自媒体内容与用户的期望保持一致，并提升用户体验。

8.2.2 用AIGC工具生成自媒体推广方案

自媒体推广方案通过文字、图片、视频等多种形式展示品牌或产品的优势，吸引潜在用户的关注和兴趣，从而提高品牌的曝光度和影响力。

撰写自媒体推广方案需要明确目标受众、选择合适平台、制定推广策略、制作优质内容，并定期评估和调整，以达到最佳的推广效果。

用 AIGC 工具辅助撰写自媒体推广方案可以提高工作效率，降低成本，提高方案的实用性和创意性，帮助企业更好地实现品牌推广。

【案例 8-6】用 AIGC 工具生成自媒体推广方案

【用户提问】

我们想在抖音上推广猫粮，请你帮我生成一个推广方案。

【智谱清言回答】

一、目标市场分析

确定目标客户群体：宠物主人，特别是养猫人士；

了解客户需求：寻找高品质、营养均衡的猫粮；

分析竞争对手：研究竞品在抖音上的表现和策略，找出差异化竞争优势。

二、品牌定位与产品优势

品牌定位：健康、营养、高品质的猫粮；

产品优势：采用优质原料、科学配比、适口性好等；

价格策略：中等价位，性价比较高。

三、内容营销策略

制作有趣、有教育性的短视频，展示产品的优势和猫咪食用后的效果；

合作网红或 KOL，邀请他们试用并分享使用感受；

举办线上活动，如挑战赛、抽奖等，吸引用户参与互动；

定期发布新品预告、优惠活动等信息，保持用户关注度。

四、渠道合作与广告投放

与抖音平台合作，争取更多曝光机会；

投放信息流广告，精准定向潜在客户；

利用抖音搜索优化（SEO）提高品牌关键词排名；

与其他相关品牌或 IP 进行联合推广，扩大影响力。

五、数据分析与优化

定期收集和分析推广数据，了解哪些内容和渠道更受欢迎；

根据数据反馈调整策略，优化视频创意、投放时间等；

关注用户评论和反馈，及时解决问题，提升品牌形象。

（以上内容由智谱清言生成，未改动）

【用户提问】

如果想在小红书上推广，推广方案应该有哪些变化？

【智谱清言回答】

在小红书的推广方案可以包括以下步骤：

一、了解目标用户

小红书的主要用户是18～35岁的年轻人，他们热爱生活、追求时尚和品质。因此，我们需要了解这些用户的兴趣爱好、消费习惯、购物需求等方面，以便制定更符合他们需求的推广策略。

二、确定推广目标

推广目标应明确、具体，可以是增加粉丝量、提高转化率、提高销售量等方面。在制定推广目标的同时，需要考虑推广预算和推广时间等方面，确保目标的实现是可行的。

三、选择推广方式

小红书上有许多推广方式，如购物笔记、小店、小红薯等。我们可以选择适合自己的推广方式，例如利用小红书的广告投放工具，选择适合的广告形式和投放位置，根据目标受众进行定向广告投放。

四、与KOL合作

与小红书上的有影响力的博主、KOL或其他品牌进行合作推广。与他们共同创作内容或合作举办活动，以扩大品牌的曝光度和影响力。建立与他们的合作关系，通过他们的粉丝群体吸引更多目标受众的关注。

五、创作有价值的内容

创作有趣、有用和有价值的内容，吸引目标受众。

六、确定投放预算和周期

确定品牌投放的预算和周期，是否围绕某些节日。

（以上内容由智谱清言生成，未改动）

抖音和小红书的推广方案区别在于平台特点、目标用户、推广方式和内容策略。抖

音注重短视频内容和用户互动，需要有趣的、有创意的内容吸引年轻用户；小红书则更注重品质、时尚和生活方式的分享，需要创作有价值的内容，吸引追求品质生活的年轻女性用户。因此，在生成推广方案时，需要针对不同的平台特点和目标用户，制定不同的策略。

【操作提示】

1. 利用 AIGC 工具的创意生成功能

AIGC 工具可以根据输入的关键词和指令，快速生成各种创意。在生成自媒体推广方案时，可以利用 AIGC 的创意生成功能，探索不同的创意方向，寻找更具吸引力的方案创意。例如，推广一款运动鞋，可以输入关键词“运动鞋”“时尚”“舒适”等，用 AIGC 工具生成与关键词相关的创意方案。

2. 结合 AIGC 工具的语义分析功能

AIGC 工具具有语义分析功能，可以对输入的语言进行理解和分析。在生成方案时，可以利用这一功能，确保方案的语言准确性和语义连贯性，提高方案的质量和可读性。例如，需要推广一款护肤产品，可以输入指令“描述这款护肤产品的功效”，AIGC 工具通过对语言数据的语义分析，生成类似于“这款护肤产品采用天然成分，能够深层滋养肌肤，让肌肤恢复光彩！”的描述。

3. 借助 AIGC 工具的数据分析功能

AIGC 工具可以对大量的语言数据进行分析和学习，从而生成更加精准和有针对性的方案。在生成自媒体推广方案时，可以借助 AIGC 的数据分析功能，分析用户的语言使用习惯和兴趣点，生成更具针对性的方案。例如，推广一款面向年轻女性的化妆品，可以利用 AIGC 工具对大量的语言数据进行分析，找出年轻女性关注的化妆品特点和常用词汇，生成“这款化妆品采用天然植物精华，质地轻盈，让你的肌肤焕发自然光彩！”这类有针对性的方案。

8.2.3　用 AIGC 工具进行自媒体个性化分发推荐

自媒体个性化分发推荐是一种基于用户行为的算法，通过实时监测、模拟和分析用户的行为，预测用户的偏好，为用户提供个性化推荐。

自媒体个性化分发推荐可以帮助企业提高用户活跃度、增强用户黏性，从而达到业务发展的目的。同时，提供贴近用户需求的智能化服务，有效地解决“信息爆炸”的问题，节省用户的精力。

根据用户的阅读历史和个人偏好，AIGC 工具可以生成个性化的推荐列表，帮助用户发现更多可能感兴趣的内容。

【案例 8-7】用 AIGC 工具进行自媒体个性化分发推荐

【用户提问】

我们的自媒体平台拥有大量的用户和内容，但用户对于内容的浏览和选择存在困惑，现在需要一种个性化分发推荐的方式，提升用户体验和提高内容的曝光率，对此你有什么建议？

【ChatGPT 回答】

面对这样的问题，以下是可以采取的一些建议：

1. 用户画像构建：

数据收集：收集用户的浏览历史、点击行为、搜索关键词、评论、点赞、分享等数据。

分析行为：通过数据分析工具，洞察用户的兴趣、偏好、活跃时段、设备偏好等。

用户分群：基于相似的行为或兴趣，将用户分为不同的群体，为每个群体定义特征。

2. 内容标签化：

内容分析：利用文本分析、图像识别等技术，对内容的主题、情感、风格等进行识别。

手动标签：对于某些难以自动识别的内容，可以人工进行标签标注。

标签权重：某些内容可能有多个标签，根据内容的重要性和相关性，为每个标签分配权重。

3. 推荐算法开发：

协同过滤：基于用户的行为和其他相似用户的行为进行比较，推荐那些相似用户喜欢的内容。

基于内容的推荐：根据用户过去的喜好，推荐与其喜好标签相匹配的内容。

深度学习：利用神经网络模型，输入用户的历史行为和内容标签，预测用户

可能感兴趣的内容。

4. 用户体验优化：

界面设计：简洁、直观的界面设计，清晰地展示推荐内容，提供易于操作的选项，如“喜欢”、“不喜欢”等反馈按钮。

反馈循环：允许用户提供对推荐内容的反馈，并利用这些反馈持续改进推荐算法。

5. 动态调整：

实时更新：随着新内容的加入和用户行为的变化，推荐算法应实时更新推荐结果。

定期评估：定期评估推荐算法的效果，根据评估结果进行算法调整和优化。

6. 保护用户隐私：

透明性：明确告知用户哪些数据被收集以及这些数据如何被使用。

加密和安全存储：确保用户数据的加密存储，防止数据泄露。

数据匿名化：在进行分析和推荐时，尽可能地使用匿名数据，减少与用户个人身份相关的信息。

最后，个性化推荐系统的成功不仅仅取决于算法和技术，还需要团队的持续努力、用户反馈的收集和系统的不断优化。这是一个涉及多个领域（如数据分析、机器学习、用户体验设计等）的综合项目，需要多方面的专业技能和团队协作。

（以上内容由 ChatGPT 生成，未改动）

【操作提示】

1. 明确提问目标

在提问时，明确目标，以便 AIGC 工具能够更好地提供帮助。例如，用户可以提问：“我想要了解如何根据用户的兴趣和行为特点，推荐符合他们需求的自媒体内容。请问你可以提供哪些支持？”

2. 提供详细信息

为了获得更准确的回答，可以在提问时提供尽可能详细的信息，描述自媒体平台的特点、用户群体的属性以及现有推荐算法的效果等。例如，用户可以提问：“我的自媒体平台主要关注科技领域的内容，用户以年轻人为主。现有的推荐算法效果不理想，用户反馈内容不够个性化。请问你如何帮助我改进推荐算法，提高用户满意度?”

3. 询问具体建议

询问 AIGC 工具具体的建议或解决方案，以便在实际操作中更好地应用。例如，用户可以提问：“在建立用户画像时，我应该收集哪些数据?如何处理这些数据以提取有用的特征?另外，你有没有可推荐的相似度计算方法或算法，可以帮助我提高个性化推荐的准确性?”